QAYLODHAAN DEEGAAN

Qoraallo Xul ah

Axmed Ibraahin Cawaale

Faallo ku saabsan sawirka jeldiga buugga:

Meeshu waa laagga Buurta Daalo ee Gobolka Sanaag oo gebigu (jarku) toos hoos ugu go'an yahay boqollaal mitir. Xudunta araggeennuna waa geedka Mooliga ah ee ka laalaada jarka, bal se u muuqda in uu ku guulaystay in uu kasoo kabto dhibaatado weyn oo hallayn lahayd – taasoo ah in uu gunta ka ruqo oo ku siibto jarka. Geedku xididdadiisii ayuu jeexjeexyada dhagaxa ku xejistay, culayskiisii oo idilna dhexda ayuu ku xambaarsan yahay, waxaanuu ku guulaystay in uu si is-dhiibid la'aan ah madaxa kor ula kaco si uu ula kulmo ama u helo iftiinka cadceedda oo uu u baahanyahay si uu u noolaado isla markaana u koro (weynaado). Muuqaalkani waxa uu tilmaan u yahay adkaysi, sabir iyo wax-iska-caabbin. Runtiina waa Aayad uu aadamuhu wax badan ka baran karo. Muuqaalku waxa kale oo uu inna xasuusinayaa adkaysiga dhirteenna iyo sidoo kale duurjoogteennu u lee yihiin ka-fal-celinta dhibaatooyinka soo food saara. Ayaan darro se, waxa ay haddana ciirsi-la'aan ka taagan yihiin habdhaqanka xil-kasnimo-darrada ah ee dadkeenna.

Contents

MAHADNAQ

Ugu horrayn, waxaan mahad naq ballaadhan u soo jeedinayaa Eebbeheenna weyn (sarree oo korreeye), oo i karsiiyay inaan dhammays tiro buuggan.

Waxa sidoo kale mahad iga mudan:

Hay'adda waddaniga ah ee Candlelight, oo door (fursad) ii siisay inaan dhex-muquurto isla markaana wax-barashadaydana ku fidiyo aqoonta deegaankan, howl-maalmeedkaygana kaga helay waayo-aragnimo deegaan oo ballaadhan, isla markaana agabkii iyo qalabkii xafiiska ii ogolaatay inaan u adeegsado diyaarinta buuggan. Waxaan hubaa taageeradaas iyo dhiirrigelintii joogtada ahayd ee jaleyaashayda shaqo la'aandood in uu adkaan lahaa suurto-galnimada midhaha tacabkaygani.

Kooxda deegaanka ee hay'adda Candlelight (Cabdirisaaq Bashiir,, Axmed Jaamac Sugulle, Casha Cabdiraxman iyo Cabdiqani Saleebaan) oo aannu jaal ku ahayn howsha dhowrista deegaan ee hay'adda oo shaqo walba oo aannu isugu nimaadnoba ay noo ahayd wax-is-weydaarsi iyo aqoon-korodhsi; iyada oo weliba aan si gaar ah u xusi doono Marwo Shukri Xaaji Ismaaciil, Guddoomiyaha Golaha Maamuleyaasha (Boad of Directors) ee Candlelight oo igu kaabi jirtay dhiirri-gelin, isla markaasna ah qof aad u danaysa arrimaha deegaanka.

Ingrid Hartmann, Jaamac Muuse Jaamac, Xasan Cabdi Madar, Axmed Gahayr, Saddaam Xuseen Carab, Aadan Yuusuf Abokor, Eric Schwennesen iyo Chris Print oo dhammaantood talobixin wax-ku-ool ah iyo dhiirigelin ii fidiyay isla markaana isha mariyay qoraallada buugga.

Marwan El Azzouni iyo Giuseppe Orlando oo ii ogolaaday inaan maqaalkoodii *"Surud Mountain: A Cry for Help"* halkan kusoo min-guuriyo, isla markaanaa aan af-Soomaali u dooriyo. Cabdi Cali Jaamac oo xog-warran

qurux badan ka bixiyay socdaalkiisii Buurta Maydh
(Ribshiga), iyo Cusmaan Maxamed Cali oo diyaarshay
qoraalka ku saabsan timirta. Waxa kale oo aan xusayaa
una mahadcelinayaa Muxummad Cabdullaahi Jaamac oo
qaybta dhiroonka qadhaabka ah xog iiga kordhiyay iyo Dr.
Ciise Nuur Liibaan oo cudurrada xoolaha ku dhaca xog
badan iga siiyay.

Xamda Maxamed Xuseen Cigaal oo iga caawisay
garaacidda qaybo ka mid ah buuggan, iyo ugu dambayn
Nimco Xasan Cabdillaahi oo af-Ingiriisi u doorisay
qoraalka ugu horreeya dhiganehan *Maxaa Gaadhay Geedkii
is lahaa Goblanbaad ka Badbaadday!*

HIBAYN

Buugaan waxa aan u hibaynayaa facyaasha dhalan doona
ee u baahan inay ku noolaadaan deegaan dhowrsoon oo
joogtaysan iyo nolol aan ka tayo liidan (haddii aanay
kaba roonaan doonin) tan maanta aynnu ku nool nahay.

GOGOLDHIG

Durba muddo ayay ahayd intii aan filaayay inaan qof-ahaan ku dhex jiray kelinimo ay weheliso ciirsi-la'aani marka laga hadlaayo mawduuca "Deegaanka". Waxaan cashar-jeediye ka ahaa (welina ka ahay) Jaamacadda Camuud muddo saddex gu' ah, hase ahaatee, moognaanshiiyahayga awgeed, hareerahaygaba maan dayin (dheehan).   Haatanna, waxaan garwaaqsaday inaanay habboonayn inaan naftayda ku maaweeliyo dareennadaas igu keliyaystay (oon cid kale ila wadaagin) ee ku saabsan xaaladda Deegaankeennu ku sugan yahay. Maxaa yeelay, waxaan ugu dambayn ogaaday inaan jaal (saaxiib) ama wehel lee yahay – kaasoo wax uun ku biirin kara arrinkan – haba yaraato ama ha badnaato e!

Waan ku diirsaday howshan xambaarsan samofalnimo iyo hormoodnimo, ee qaadaa-dhigaysa arrin aad u muhiim ah oo mid wal oo innaga mid ah si maalinle ah u taabanaysa – taasoo ah tayodhaca uu ku sii siqayo Deegaankeennu. Mar labaad, Axmedoow, sacabka ayaan kuu garaacayaa!

Si kooban, Axmedoow, hawshan aad qabatay waa mid horseed u noqon karta is-beddel isla markaana, hagitaan u samayn karta cidayow kale. Qof-ahaanna, waxa aan male-awaalayaa in buuggani ka qayb qaadan doono wacyi-gelinta deegaanka iyo daryeelidda deegaankeenna buka.

Erayga af-Shiinaha ah ee "**Wei ji**" oo lagu micnayn karo "**halis weyn**" ama "**xaalad adag**", waxa uu ka kooban yahay laba qaybood oo kala ah: WEI oo micnaheedu yahay "halis", iyo JI oo loola jeedo "door" ama "fursad". Sidaas daraaddeed, WEI JI haddii aynu ku dabbaqno xaaladda Deegaan ee arladeenna, waxaynu bulshooyinka[1] kala

---

[1] Erayga bulsho, marka laga hadlayo cilmiga bayoolajiga, waxa loo adeegsadaa ula jeeddooyin kala duwan, tusaale ahaan "bulshooyinka dhireed, bulshooyinka noole iyo qaar kale (iqk)

geddisan (dad, xoolo iyo noole kale – dhir iyo xayawaan) iyo habsami-u-dhaqaynta wada-oolka noolaha iyo ma noolaha (biophysical processes) ku sii riixaynaa xaalad dabar go' ku dhow. Dhinaca kalena, waxa, had iyo jeer, jiri doona door ama fursad aynnu halistaas dib u giraangirin karno ama gadaal u riixno. Eraygan WEI JI (iyo micnaha uu xambaarsan yahay) waxa uu ka qayb qaatay curinta, caalami-ahaan, wacyi-gelin Deegaan oo la taaban karo. Markaana, Axmedoow, buuggaaganina, waxa uu bulshadeenna ku dhex abuuri doonaa baraarug wacyi-gelineed.

Wax-ku-darsigaagan wax-ku-oolka ah iyo soo-ururinta xogaha iyo aqoonta ku dhex duugan buuggani waa hanti aan qiimaheeda erayo lagu sheegi karin.

Waxa keliya ee aan ku odhon karaa, Eebbe (sarree oo korreeye) ha ka abaaliyo hawshan wacan ee aad qabatay. Aamiin !

Ahmed Gaheir Farah
Cashar-jeediye
Jaamacadda Camuud, Somaliland

ARAR

Inta aynnu ka war-qabno, arlada aynnu korkeeda ku nool nahay ayaa ah ta keliya ee la ogsoon yahay inay nololi ka jirto. Tan iyo intii la ganay dayax-gacmeedkii Sputnik 1 (1957-kii) oo noqotay ammintii irrida loo furay waxa loo yaqaanno "beretankan cirka" (space race) oo badi ka dhexeeyay Ruushka iyo Maraykanka, waxa ay aqoonyahanno badan oo ku xeel dheeraaday sahaminta arlooyinka, samooyinka iyo xiddigaha ka baxsan samadeenna adduunyo, ay baadi-goob ugu jireen, marka wax kale la iska dhaafo, bal suurto-galnimada nolol ka baxsan tan ka jirta arladan aynnu korkeeda ku nool nahay. Haddaba runta biyo-kama-dhibcaanka ahi waxa ay tahay inaanay jirin ama ilaa hadda la ogayn meel ka baxsan arladeenna oo ay nololi ka jirto.

Ogaanshiiyaha runtani waxa innoo wehelin karaa dareen cabsiyeed oo ay weheliso ama xambaarsansal-dhig-la'aan maan (maskaxeed), oo dhinac innaga xasuusinaysa koobnaanta nolosha arlada iyo khayraadkeeda dabiiciga ahba, oo ay dhinca kalena barbar yaalliin baahiyaha dadka ee sii kordhaya iyo tayo-dhaca isa soo taraya ee ku imanaaya nololsha aadamaha.

Arladeenna - waxa kale iyo kuma garatid e - waa sidii dayaxgacmeed (space ship) oo ay ku gudo jiraan dadkii ku socdaalayay ama ka shaqaynayay. Jicsinka ay haystaan (cunno, biyo iyo hawo) waa uu kooban yahay, mana aha qaar aan idlaanayn ama aan uskagoobayn ama dikhoobayn. Dhinaca kalena, rakaabka saaran tiradoodu wey sii kordhaysaa maalinba ta ka dambaysa.

Haddaba waxa loo baahan yahay inaynnu hubinno in sabooyinkeenna iyo nooleyaasha ku lammaani ay u shaqeeyaan si aan lahayn kala-dhantaalnaan, si ay joogto u noqoto fayo-qabka arladu iyo waxa guudkeedka ku nooli. Waa se yaabe falalka aynu ku kacaynaa ayaa keenaya burbur, halkii ay kaabi lahaayen nolol joogtaysan, isla markaana xaqiijin lahaayeen in tayo-wanaagga nololshu sii jiri lahayd, si ka-haqab-la'aan ahna ay inteenna nooli baahiyahooda uga heli lahaayeen, innaga oo aan, isla markaasna, ku talax tegayn baahiyaha facyowga (facaadda) soo koraya ama dhalan doona.

Haddaba xilka ilaalinta iyo dhowrista deegaanku waxa uu garbaha u saaran yahay Aadamaha; waana xil weyn oo uu Eebbe (sarree oo korreeye) ku aaminay isaga - Aadamaha.

Qoraallada aan ku soo ururiyay buuggan waxaan diyaariyay (marka laga reebo hal maqaal) xilliyo kala duwan – laga soo bilaabo Sibtembar 2001 ilaa November 2009, badankooduna waxay ku soo baxeen war-sidaha *Deegaankeenna* ee gorfeeya arrimaha deegaanka ee ay soo saarto hay'adda Candlelight ee fadhigeedu yahay Hargeysa. Markii aan xulanaayay qoraalladaas koob-kooban ee curiska ah, waxaan maanka ku hayay inaan muuqaal deegaan oo dhammays tiran oo dhinacyo kala duwan leh soo ban dhigo. Waxa se uu akhristuhu dareemi karaa in ay ku yar yihiin kuwa ka hadlaaya deegaanka badaheenna. Taas micnaheedu ma aha baduhu waa ay ka door yar yihiin berrigeenna, hase yeeshee, kol haddii sal-dhigga koowaad ee aadamuhu yahay berriga, kolba sida aynnu ka yeelno berriga ayuun baynnu sidoo kale ula dhaqmi doonnaa badahana. Haddii aynnu garanno inaynnu dhowrno, ilaalinno ama daryeelno sabooyinka berrigeenna, muran kama jiro inaynnu sidoo kale daryeeli doonno khayraadka badaheenna.

Ula jeeddada aan ka lahaa buuggan qoristiisu waxa ay tahay inaan gudbiyo muuqaallo ka tarjumaaya waayaha deegaankeenna. Waxaan isku dayay inaan muujiyo quruxda iyo kala-duwanaata dabiicadda, muggeedda ay isku kaabi karto iskuna joogtayn karto, isla markaana noolaha kale kaabi karto, iyo weliba sidoo kale u-nuglaanshiiyaheeda dhirbaaxooyin aan hore loo arag. Farriinta uu buuggani xambaarsan yahay waxay tahay dhawaaq u dhigan qaab qaylodhaaneed, dhinaca kalena damiirka dadka la xanshashaqaaya, rabana inuu ka saaro

moogganaanta dhibaatada haysata deegaankeenna. Ka
sokow, nuqulkan Afsoomaaliga ah, waxa kale oo aan isla
buuggan u rogay kuna soo saaray Afingiriisi   si
dhawaaqaasi meel dheer u gaadho, gundhigna ugu noqdo
aragti cusub iyo waxqabad ku aaddan dhowrista
deegaanka (iyada oo laga yaabo in buuggani yahay kii
ugu horreeyay ee af-Soomaali lagu qoro ee arrimaha
deegaanka ka warramaaya).

Ugu dambayn, buuggani qaabka uu u dhigan yahay
waxaan ku rajo weynahay in ay ka faa'iidaysan doonaan
dad badan oo ay kala duwan yihiin mus-dambeedkooda
nololeed (background) sida: arday, aqoon-baadheyaal, xil-
wadeenno iyo guud-ahaan bulshadeenna oo idil.

Sidaas iyo akhris wacan.

Axmed Ibraahin Cawaale

Hargeysa, 15^{kii} Jeenaweri, 2016

1

Maxaa Gaadhay Geedkii is lahaa
Goblan baad ka Badbaadday!

Sannadkii 1988-kii, meel badhtamaha Hargeysa ah, waxa ku yiillay geed Maraa ah oo guun ah oo marka aan soo ag maroba, inta aan jalleeco aan xasuusan jiray Aayadda Qur'aanka ah ee ka hadlaysay Rabbi-barigii Nebi Zakariye: " *Eebbow goblan ha igaga tegin, Adiga ayaa cid wax-dhaxalsiisa ugu khayr roon e*" {Qur'aan 21:89}. Waxa aan sidaa u lahaa, geedka midhaha ka dhaca ee kasoo bixi lahaa dhulka ama doorin lahaa geedkan duqoobay, waxa goor kasta disha cagta dadka iyo taayirrada (shaagagga) baabuurta la hadh geliyo.

Haddaba ammintii dagaalkii sokeeye ee dadkii magaalada degganaa ka qaxsanaayeen Hargeysa (1988-1990) waxa dhacday in geedkii ku dhintay madaafiicdii ku dul dhacaysay magaalada; hase yeeshee iniinyihii (midhihii) ka daatay xilligaas, waxa kasoo baxay saddex geed oo cusub. Dhirtii saddexda ahayd waxa ay heleen sabo deggan oo aanay xoolo daaqaa joogin, cag ku joogsataana jirin. Saas awgeed, waxa ay u baxeen si caafimaad qab ah iyaga oo, isla markaana, qabay ama xambaarsanaa yididiilooyin badan, kuna abdo weynaa (rajo weynaa) in ay aadamaha waxtar u yeelan doonaan. Geedku hadh wanaagsan ayuu lee yahay. Geedka Maraagu dhaqso ayuu u bixi og yahay, marka la barbar dhigo dhirta kele ee qodaxlayda ah. Caleentiisa ka sokow, geedku waxa uu bixiyaa dhaameel loo yaqaanno "Gaydhe" oo badanaa jiilaalkii baxa, xilli daaqu, guud-ahaan, yar yahay. Waxana jecel geela, riyahana waa loo lulaa. Se dhuxushiisu dhimbiilo ayay samaysaa (oo wey jacjaclaysaa). Geedku wuu fidi og yahay, waxana uu ku wanaagsan yahay dhulka dib loo soo nabad celinayo, waxana uu waabiyaa fiditaanka lama-degaannimada. Shimbiruhuna waxa ay ka dhistaan buulal.

Maxaa se ka dambeeyey!

Hargeysa dadkii wey kusoo labaateen. Meel walbana wey buuxiyeen – guri, suuq iyo waddo. Durbadiiba jaadwaleyaal iyo gabdho kasoo goostay (kasoo carary) noloshii adkeyd ee miyiga ayaa saddexdii geed hoos dallaalimaystay si ay ugu hoos ganacsadaan. Waxa bilaabmay jaafa-jirqan iyo xafiiltan ka dhex dhashay dukaanlayda saddexda geed ku hor yaalleen iyo dadkii hoos degay. Muran ayaa la is dhaafsaday: *"Meheradda ayaad iga xidhaysaa ee horteyda ka kac"* iyo *"ma adaa geedka leh ama shaarica bannaan?!"*

Maxaa se ka dambeeyey!

Mar qudha uunbey saddexdii geed bar-tilmaameed noqdeen, maxaa wacey, waxa ay noqdeen waxa muranka dhaliyey. "Haddii aaney dhirtaasi meeshaas ku qotomin, is-maan-dhaafba ma jireen". Sidaas ayay iska dhaadhiciyeen dukaanlaydi.

Haddaba habeen habeennada ka mid ah ayaa nin ka mid ah dukaanlaydii gunta ka maray (gooyey) mid ka mid ah saddexdii geed. Habeen kalena geedkii labaad ayaa nin kale oo ka mid ah dukaanlaydii uu gooyey. Geedkii saddexaadna waxa uu libdhay oo la waayay dhowr habeen kaddib, oo loo malaynayo inuu gooyey dukaanwalihii saddexaad.

Sidaas buu geedkii guunka ahaa goblannimo kaga baxsan waayay !

2

Geedka Gobka

"Dayaxa guudkiisa waxa ku yaal geed weyn oo Gob ah oo
hadba tirada caleemihiisa iyo tirada dadka arlada ku nooli
goor kasta is le'eg yihiin. Marka uu qof dhashoba geedku
hal caleen ah ayuu bixiyaa, markuu qof dhintona
caleentiisa ayaa caddaata oo dhulka u soo dhacda!"

_____ Sheeko-dhaqameed Somaali ah baa sidaas u taal

Geedka Gobku (*Zizyphus mauritiana*) waa geed caan ah oo
laga helo meelo badan oo dhulka qarfo-u-ekaha ah (semi-
arid) ee bariga ilaa galbeedka Afrika iyo dhulalka qallalan
ee qaaradda Aasiya. Carriga Somaaliyeed, geedkani waxa
laga heli karaa deegaannada kala duwan oo dhan, hase
yeeshee waxa uu caan ku yahay dhulalka qallalan ee
waqooyiga iyo bariga. Waa geed goor kasta caleemeysan
oo adkaysi badan u leh abaaraha, wax-ka-taransi (faa'iido)
badanna leh – haddii ay yihiin qaar deegaan iyo qaar
dhaqan-dhaqaaleba.   Geedku waxa uu bixiyaa midho
dhadhan fiican oo la cuno oo uu ku jiro fitamiin C.[2] Sidoo
kale, midhahiisa waxa laga diyaarin karaa cabbitaan jidhka
doojiya (qaboojiya). Caleentiisa waxa xiiseeya xoolaha –
siiba riyaha iyo geela.   Dalka Hindiya, caleenta Gobka
waxa lagu quudiyaa dirxiga xariirta sameeya, si uu u
saaloodo (dabada uga dhigo) dunta xariirta ah.

Gobka waxa laga helaa xaabo fiican, dhuxul iyo qori adag.
Geedkani wuxuu ku habboon yahay in lagu beero dhulka
lasoo nabaad-celinaayo ama dib loo nafaqaynayo. Sidoo

---

[2] Midhaha gobku marka ay cagaar yihiin waxa la yidhaahdaa
"ugur", marka ay midabka hurdiga (jaallada) isu dooriyaanna
waa "caddays", marka ay bislaadaanna waa "hoobaan".

kale, waxa uu noqon karaa xayndaab ama deyr nool (live fence). Waxa la rumeysan yahay in shinnidu geedkan ubaxiisa/mankiisa ka diyaariso malab aad u tayo wacan oo ganac (qiime) adag lagu siisto dalalka Khaliijka Carbeed. Sidoo kalena, caleenta la engejiyo kaddibna la budliyo waxa laga diyaariyaa qasil oo loo adeegsado weji-maris iyo nadiifiye (shaampoo) dabiici ah. Qasilka waxaa uu ku caan yahay nafaqaynta, qurxinta timaha iyo tirtiridda toxobta. Haddii loo noqdo dawo dhaqameedka Islaamka, caleenta gobka waxa loo adeegsadaa jinnisaarka (cuudiska). Baadhitaanno aqooneed ayaa tibaaxaya in Gobku hakin karo fiditaanka kansarka maqaarka isagoo wax ka tara dilidda unugyada aafeysan ee kansarku haleelay. Waxa kale oo la rumeysan yahay in Qasilku raajiyo soo bixitaanka cirrada. Dadka Muslimiinta ahi waxa ay qasilka u adeegsadaan maydhista maydka markaa duugitaanka (aasitaanka) loo diyaarinaayo, waxaana la rumeysan yahay inuu raajiyo qudhmitaanka maydka.

Dhocda kale, waayadii hore caleenta ama xaabada gobka waxa lagu qiijin jiray timaha si injirta looga laayo.[3]

Gobka waxa ay isku bah yihiin laba geed oo kale oo carriga Soomaalida ka baxa, waxana ay kala yihiin Xamudhka (*Zizyphus hamur*) iyo Gobyarta (*Zizyphus spina christi*) oo kan dambe ay Masiixiyiinta iyo Yuhuuddu rumeysan yihiin in uu ahaa geedkii laga sameeyey waxa loo yaqaanno *"Taaj-qodaxeedkii Masiix"*[4]. Xamudhka deegaankiisu waa dhulka Gubanka, Gobyartuna aad buu u tiro yar yahay waxaana badi laga helaa buuralayda Golis.

---

[3] Si la mid ah taas, uunsi-hoosaadka ay dumarku adeegsan jireen waxa laga diyaarin jiray Xabaghediga. Waxa kale oo lagu hoos qiijin jiray aqallada, si ay u siiyaan carfi udgoon.

[4] Masiixiyiinta iyo Yuhuuddu waxay rumeysan yihiin in Nebi Ciise (Nabad-gelyo korkiisa ha ahaatee) ku naf-waayey Isku-tallaabta korkeeda, oo intaanay war-wareemin ay madaxa ugu laabeen laan dheer oo Gob ah oo qodax badan, iyagoo uga jeeda inay taajkii boqornimo uga dhigeen. Waxay ka ahayd ku-jees-jeesid, iyagoo leh, *"waadigii sheeganaayey Boqorkii Yuhuudda e, bal aad heshid cid ku badbaadisa!"*. Sidaas darteed ayaa Gobka ay ugu bixiyeen *Christ's Thorn* ama Geed-Qodaxeedkii Masiix.

Dhinaca kale, erayga "Gob" waa tilmaan huwan ammaan, haybad iyo dun-wanaagsanaan lagu sheego qof (rag ama dumar) ama reer; qaabka ay gobtuna u dhaqantaa waa "gobannimo". Sidoo kale, dal madax-bannaanidii waa "gobannimo". Waxana ereyga "gob" lid ku ah "gun", oo muujinaysaa liidnimo, haybad la'aan iyo dun-xumo lagu sheego qof (rag ama dumar) ama reer, qaabka ay guntu u dhaqantaa waa "gunnimo". Haddii geed gob ah gunta laga maro (la gooyo) waxa la odhon karaa waa la "gumeeyey" ama hoos ayaa loo dhigay, si la mid ah haddii dal ama ummad gob ah oo madax bannaan la qabsado oo la gumeeyo oo kale.[5] Halkaas waxaynu ka garan karnaa in goynta geedka gobka ahi ay tahay mid aan sinaba loo jeclaysan. Gobku aad ayuu u da' dheer yahay, waxana uu noolaan karaa oo wax laga taransan karaa dhowr qarni.

Geedku waxa uu ku xusan yahay Quraanka Kariimka ah[6], waana geed lala xidhiidhiyo barako iyo dawoba. Sidoo kale Soomaalidu khayaalkooda sheeko-dhaqmeed waxa ay ku cabbiraan in Geedka Gobku yahay "Geedkii Nolosha", iyagoo rumeysan in dayaxa uu ku yaal geed weyn oo Gob ah oo tirada caleemihiisa iyo tirada dadka nooli goor kasta is le'eg yihiin. Waxaana la yidhaahdaa marka uu qof dhashoba geedku hal caleen ah buu bixiyaa, marka uu qof dhintona caleenta qofkaas ayaa caddaata oo dhulka u soo dhacda!

Tani waa mid ka mid ha dhacdooyinka xiisaha badan ee muujinaya sida ay Soomaalidu u qiimeyso geedka Gobka: Waxa jiray laba qoys oo ku dhaqnaa deegaanka Oodweyne agagaarkiisa. Mid ka mid ah labada qoys ayaa xoog sabool

---

[5] Ereyga "gumayn" waxa laga yaabaa in uu asal-ahaan ka soo jeedo "gunayn", oo ah in "gunta hoos loogu daadego ama la gaabsho".

[6] Suurat-ul-Najam: 53-13-18

u ahaa, ha yeeshee waxa ay wax ka taransan jireen, si gaar ahna isu siiyeen, geed agagaarka gurigooda doox mari jiray ku yiil – kaasoo caan ku ahaa midhihiisa wanaagsan iyo faa'iidooyinkiisa kale ee dhaqan-dhaqaale. Reerkaasi waxa ay dhaleen wiil – kaasoo uu jacayl dhex maray gashaanti kasoo jeedday reerka kale, isla markaana reerkiisii ka doonay in loo guuriyo inantaas. Markii labadii reer ka heshiiyeen arrinkii, ayaa reerkii inanku kasoo jeeday meher u bixiyeen geedkii gobka ahaa oo isla markaa reerkii kale uga guddoomeen si soo dhoweyni ku jirto.

Iyada oo beryahan dambe xiise badan loo hayo adeegsiga waxyaalaha dabiiciga ah, waxaa hubaal ah in gobku kaalin sare kaga jiri doono dhirta aadka loo adeegsado—hadday tahay daawo, qurxin ama arrimo diineedba (ruuxi). Haddaba waxa habboon in dadku ku baraarugsanaadaan qaayaha geedkaasi lee yahay, kuna dadaalaan daryeelkiisa iyo tarmintiisaba.

3

Suntii Xeradii Ayaxa iyo Halista Dikhowga Deegaanka

"Ayax teg eel se reeb"[7]

__Maahmaah Soomaaliyeed

Sidii Somaliland loogu soo noqdayba, kaddib dagaalladii 1988-1990kii ka qarxay gobolladii Waqooyi Soomaaliya, waxa walaac iyo werwer badan ku hayay dad badan oo reer Hargeysa ah sunta ku fakatay xeradii Ayaxa oo ahaan jirtay Xarunta Hay'adda la-dagaallanka ayaxa Lama-degaanka (Desert Locust Control Orgranization) ee Bariga Afrika. Goobtaas oo loo yaqaanno "Xerada Ayaxa" waxa ay ku taallaa meel taag ah oo dooxa Hargeysa dhinaciisa koonfureed kaga beegan, oo la odhon jiray Magaalo Qallooc, badhtamaha Hargeysana hilaaddii u jirta shan kiilo-mitir. Haddaba magaalada oo burbur badan iyo fadhataysi soo gaadhay xilligii dagaalladii, ayaa xeradan oo xarun keyd u ahayd dareerayaal kiimiko kala geddisan oo lagula dagaallamo Ayaxa guur-guura, ayaa dagaalkii waxyeelleeyey. Waxa lagu hilaadiyay in ugu yaraan siddeetan kun (80,000) oo litir oo kiimikooyinkaasi ay ku daadatay - weelka ay ku jireen oo gaboobay awgood; amabase si ula kas ah dadku uga daadiyeen iyaga oo u dan

---

[7] Maahmaahdan dadka qaar waxa ay ku sheegaan in ay ku baxday Suugaanyahan Soomaaliyeed oo magaciisa la odhon jiray Ayax Maxamed Dhawre. Waxana uu leeyahay gabayga: *Quudhsi-diid.* Se sida kelena, kol haddii Soomaalida iyo Ayaxa ammin aad u dheer wada noolaayeen, oo la og yahay in ayaxu meeshii uu ku degoba uu kaga tago eel (dhibaato aad u ballaadhan), kaddib marka uu cagaar oo dhan baabah kaga yeelo, waa ay noqon kartaa in maahmaahdani sidan ku baxday.

lahaa adeegsiga foostooyinka, si ay biyaha ama wax kale ugu keydsadaan ama ugu shubtaan. Haddaba sannadkii 2003 ayaa aqoonyahanno ku xeel dheeraaday dhinaca dikhowga deegaanka oo ka tirsan hay'ad dawladeed oo la yidhaahdo Kenya Plant Health Inspectorate Service (KEPHIS), soo ban dhigeen daraasad ka hadlaysa waxyeellada deegaan ee ka dhalan karta arrintan iyo xaddiga uu le'eg yahay dikhowgaasi. Daraasadda iyo baadhitaanku waxa uu koobsaday dhul baaxaddiisa laga bilaabo Xerada Ayaxa gudaheeda oo hoos loo raacayo iliiladda kusoo darsanta dooxa Maroodi Jeex ilaa laga soo gaadhayo Baar Xaraf.

Ula jeedada daraasaddu waxay ahayd:

- In la baadho heerka dikhow ee ka dhashay qubashada kiimikooyinkaas;

- In muunado laga qaado ciidda lana baadho si loo ogaado xaddiga dikhowgaas;

- In war-bixin dhammeystiran oo faahfaahin ka bixineysa qaabka baadhitaanka loo sameeyey, natiijooyinkii iyo talo-soo-jeedinno ku saabsan habboonaanshaha goobtaas in ay degaan dadka kusoo laabanaaya Hargeysa, iyo wixii suurto-gal ah ee lagu maareyn karo sumahaas.

Warbixintu waxa ay muujinaysaa in sumaha meesha ku daatay ay yihiin qaar halistooda caafimaad iyo deegaan aad u sarreyso oo adeegsigooda laga dhigay lama-taabtaan xilliyadii sideetanaadkii qarnigii aynu soo dhaafnay (1980's) waxaanay kala yihiin Dieldrin, Alpha-HCH, Beta-HCH, Eldrin, Beta-Endosulfan, DDT, Heptachlor, Lindane iyo qaar kale.

Muunadaha ciidda ee baadhitaanka lagu sameeyey waxa laga qaaday 19 goobood oo u dhaxeeya Xeradii Ayaxa ilaa Baar Xaraf, iyadoo lasoo raacayo iliiladda dooxa ku darsanta.

Warbixintu waxa ay muujisay in heerka wasakhow lagu tilmaami karo masiibo weyn (catastrophy of mass proportion), iyo weliba kiimikada oo ah mid jiritaankeedu aad u raago, isla markaana keeni karta xanuuno raadeyntoodu degdeg u muuqan karaan iyo qaar raagaba. Waxana ka mid ah dhaawac ku yimaadda dareemeyaasha maskaxda, iyo qaar dhaliya cudurka kansarka. Warbixintu waxa ay tilmaantay xog laga helay hay'adda Qaraamaha Midoobey ee Caafimaadka Adduunka (WHO), xafiiskeeda Somaliland, oo muujisay in la arkay caruur naafonimo ku dhalatay iyo qubashada (dhicinta) oo ku badan dumarka uurlayda ah ee ka mid ah qoysaska deggan agagaarka Xeradii Ayaxa, taasoo lala xidhiidhin karo raadeynta sumahaas.

Xilliroobaadyada, waxa dhacda in kiimikadaasi ay meydhanto oo iliiladda raacdo, dooxa Hargeysana gasho. Waxa kale oo jirta in urta sumahaasi laga dareemi karo meel xeradaas u jirta 500 mitir, isla markaana ay urtaasi waxyeello raagta ku keeni karto caafimaadka dadka.

Waxa kale oo warbixintu aad uga dayrisay xaaladda dadka deggan agagaarka Xeradii Ayaxa oo loo baahan yahay in laga raro si aanay sumuhu u waxyeellayn iyaga iyo facyowga soo socda.

Warbixintaas waxa lagu soo gunaanaday soo-jeedinahan:

<u>Amminta dhow</u>

- In la xoojiyo deyrka, ilaalona loo sameeyo si aanay dad iyo xooloba u gelin;

- Dadka hadda ku nool dhinaca biyoshubka (dhaadhaca) in looga raro meel ammaan ah; iyada oo weliba laga wacyi gelinaayo halista sumaha.

- Dadka in lagala dardaarmo inay degaan, xoolahoodana daajiyaan agagaarka meelaha aadka u aafeysan (gudaha iyo agagaarka deyrka).

- In ded (gibil) jiingad ah lagu sameeyo dhulka aafeysan

ee ay sumuhu ku keydsan yihiin ee xerada gudaheeda, si looga hortago in suntu biyaha raacdo.

Amminta dheer:

- Dhulka oo sunta laga saxartiro waa lagama maarmaan. Waxana la sameyn karaa in ciidda aafeysan la raro oo meel lama-degaan ah lagu daadsho, gubid heer-kul sare lehna lagu sameeyo (incineration);

- In sida ugu dhakhsaha badan loo qabto shir caalami ah oo ay qabanqaabiyaan UNDP iyo FAO si loogu lafa guro dhikhowga ay dhalin karaan sumahaansi iyo wixii laga qaban lahaa;

- Si loo hubiyo caafimaadka dadka deggan Hargeysa, hay'adda WHO oo la kaashaneysa FAO iyo UNDP waa in ay dejiyaan qaab lagu kormeeri karo, lagu baadho, isla markaana lagula socdo in is-beddel ku yimaaddo dhiigga dadka iyo weliba caanaha naaska dumarka iyo xoolahaba. Iyadoo la ogsoon yahay qaabka ay u shaqeyso mareegta cuntadu (food chain) dhammaan hilibka iyo caanaha riyaha ama xoolaha kale ee lagu heysto agagaarka Xerada Ayaxa waa in laga baadhaa sumahaas.

{Xigasho: The Envrionemental Contamination of Ayaha Valley, Dr. Rhonest Ntayia & Mr. James Kinyua, KEPHIS/UNDP Project, July 2003}

Dabadhah (postscript):

Laba iyo toban gu' kaddib, waxa is weyddiin mudan: Maxaa kasoo kordhay arrinkan, maxaa se laga qabtay talo-soo-jeedintii ay xeel-dheereyaasha baadhitaanka sameeyey soo ban-dhigeen?

Waxa jirta in xayndaab dhisme ah goobtii lagu soo wareejiyey, hase yeeshee ay xeradu dayacan tahay, geliddeeduna fududdahay, deyrkuna dulduleel yeeshay, xeradana lagu dhex arki karo riyaha oo dhex daaqaya iyo caruur derbiyada uga soo dhacaysa. Dagaalkii 1988-kii ka hor, agagaarka Xerada Ayaxa oo dhami waxay ahayd meel aan cidi haweysan (oo aan loo dhowaan). Hadda se, dhinac

walba waa laga soo degay. Suntii dilaaga ahaydna weli
wey dhex taallaa. Illaa hadda ma muuqato cid u maqan
wax-ka-qabashada aafadaas deegaan (hadday yihiin xil-
wadeenno xukuumadeed iyo hay'ado samofaltoona),
dhinaca kalena, cabsidii iyo werwerkii bulshada deggan
agagaarka Xerada Ayaxu ay ka qabeen sumahaasi weli
wey taagan tahay. Korodhka qiimaha dhulka lagu kala
iibsado oo ka dhashay tirada dadka ee sii kordhaysa ayaa
ka dhigi kara in dadka deggan aaggaasi ay ka dhega
adaygaan isku-deygii loogu rari lahaa meelo ka badbaado
badan. Si looga gudbo turunturrada jaadkan oo kale ah,
waxa loo baahan yahay in si aad ah dadka looga wacyi
geliyo halista ay xambaarsan yihiin kiimikooyinkaasi.
Waxa sidoo kale habboon in dadkaas loo fidiyo dhiirrigelin
iyo gacansiin la taaban karo (sida dhul bannaan iyo
adeegyo bulsho iwm).

4

Qaylodhaan ka Timid Keymaha Buurta Surad

Waxa aan ka tarjumay qoraal magaciisu yahay: "Surud Mountain: A Cry for Help" oo ay qoreen deegaan-jireyaasha kala ah: <u>Marwan El Azzouni</u> and <u>Giuseppe Orlando,</u> January, 2004

Wax uun baa ka si ahaa dabkii uu belbeliyey (shiday) jid-mariyehayagi goor uu noogu diyaarinaayay cabbitaan shaah meel ardaa ah oo shan kiilo-mitir waqooyi ka xigtay Ceerigaabo. Sidii aannu u fuuqsanaynay shaahii macaanaa, ayaa carfigii xaabada shidan kor uga baxaayay uu ka tegi waayay hawadii nagu gedaamnayd (xeernayd). Waxay ahayd ur fiican, oo ku baahaysay meel aad mooddo inaan gabbood-fal (dembi) lagu gelin! Xilligu waxa uu ahaa galab wax yar oo qabow ahi jiro. Waa dabayaaqadii Noofembar, oo aannu isu diyaarineynay inaannu galno buurta Surad ee Somaliland – oo ah mid ka mid ah meelihii ugu dambeeyay arladeenna ee aan "la taaban" ama lagu dheelin.

Run-ahaantiina gadaal ayaannu ka xoornay dhammaan cabsi waxaannu dalka ka qabnay kolkii aannu kasoo amba-baxayney Qaahira, waxanaannu u xadhko-xidhannay Somaliland, annagoo raad gurayna (ama heynna tubtii) sahamiyeyaashii hore (ee Ingriis). Waxaannu go'aansannay inaan baadi goobno dhowr ka mid ah geed-gaabka biyaha dhexda ku keydsada[8] (*stapeliads*) iyo inaan daawanno dacarta dhaadheer (*Aloe eminens*) oo meel hoygeedii ah (habitat) ku qotonsan (eeg muuqaalka tirsigiisu yahay # 5). Buurta Surad waxa ay ku taallaa waqooyiga Somaliland, Gobolka Sanaag. Figta ugu sarreysaana waa Shimbibiris, oo dhererkeedu yahay 2,416 mitir, waana buurta ugu dheer Soomaaliya.

---

[8] Waxa loola jeedaa geedaha ay ka mid yihiin gawracatada oo kale

Kallahii arooryadii ku xigtay, kaddib habeen dheer oo hurdo-la'aaneed oo aannu filanaynay ashqaraarka (waxyaabaha la yaabka leh) ee aannu arki doonno marka ay maalintu timaaddo, waxaanu u dhaqaaqnay xaggii buurta, waxanaannu gaadhnay figtii (meeshii ugu sarreysay) oo uu ka horreeyo laag hoos ugu foororsaday dhinaca xeebta.

Waxaannu sii dhex jibaaxnay dhir badan oo dacar jaadeedu yahay *(Aloe scobinifolia)* iyo *(Euphorbia ballyi)* ka hor intii aanaan dhex muquuran keymo aad u qoyan aadna u cagaaran oo ka ag dhow Jarka Tabca. Waxaannu arkaynay Jarkii oo hoos u sii dhacsan iyo keymaha dhinaca midig naga qabanaayay. Haddii ay taayada ahaan lahayd (sida aannu doonno la noo yeeli lahaa), waannu iskaga dhaadhici lahayn baabuurka, hoosna waannu u daadegi lahayn si aanu u sahaminno jarka quruxda badan, oo uu gebiyadiisa ka laalaadey geedka Mooligu *(Dracaena schizantha)*.

Buurahani waxa ay qayb ka yihiin buraalayda keymeysan ee barbar socda xeebta waqooyi ee Geeska Afrika, laga bilaabona Buurta Shimbibirs ilaa Raas Caseyr, dherer-ahaanna gaadhayaa 300 kiilo mitir.

In kasta oo ay qayb ka tahay gobol-deegaaneedka loo yaqaan "Somali-Masai" ee ay ku urursan yihiin dhir-gooniyaad (dhulkaas uun u gaar ah) [*Somali-Masi centre of endemism*], waxa kale oo laga heli karaa jaadad dhir ah oo hadhaadi ah oo kasoo jeeda Badda Cad ee Dhexe (Mideterranean Sea), Jasiiradaha Mikronesia iyo dhulka buuralayda ah ee Afrika. Deegaan-dhireed gaar ah ayaa ka sameysmay dhinaca xeebta u foorora ee buurta, qaybtaas oo hesha ceeryaamo badan oo kasoo kacda badda. Daalo iyo Shimbibiris waxa ay helaan roobka ugu badan ee ka da'a dhulka Somaliland, in ka badan 700 mm oo roob ah ayay helaan halkii gu' ama dabshid, waxaana ka abuurmay dhiroon (dhir) aad u kala geddisan oo u gooni ah meeshaas.

Gelitaanka Jarka Tabca waxa ay ahayd oo kale sidii janno ifka ah oo aannu gaadhnay. Baabuurkii ayaannu joojinnay, bannaankana waannu uga boodnay, midkaayoba dhinac gaar ah ayuu u carary. Markii aannu dhex muquurannay oo ay na qariyeen dhiroonki, ayaannu bilownay inaannu daymoonno (daawanno), dhegaysannona waxyaale aanaannu hore u maqlaynin markii uu gaadhigu guuxayay. Midabbo, udugyo (uro), dhawaaqyo (sanqadho): Runtii waxa ay ahaayeen dareen dhab ah oo nolol ka tarjumaaya. Dhir aad u qaro weyn oo Dayib ah oo dhererkoodu ka badnaa 20 mitir ayaa ka dhex mudhay dhiroonkii isku-dhafka ahaa, ee midabkoodii cagaarka ahaa ee cusbaa uu misana geedka Mooliga ahi ku dhex daadsanaa – geedkaas oo madaxiisu lahaa midabka boodhaha (sida cirrida oo kale). Waxaad kale oo arki karaysay midabka guduudan (cas) ee toos kuu taabanaaya ee ubaxa dacarta dhaadheer (*Aloe eminens).*

Waxaannu aragnay dacarta nooceedu yahay *(Aloe albovestita)* oo si teel-teel ah ugu taalla iyo dacarta *(A. hildebrandtii).* Geedaha iyo dhirtuba, waxay u muuqdeen inay kasoo dhex baxayeen dhagax kasta hoostii iyo jeex-jeexyada dhagaxaanta dhamaantood. Dhosoqa *(Buxus hildebrandtii),* dhowr jaad oo geed quwaax ah *(Commiphora),* iyo dhirta biyoolaha ah (biyaha keydsada) {*succulents*} sida – *Kalanchoe spp., Senecio spp.;* iyo wax aannu u malaynnay jaad cusub oo ay isku-bah-dhireed yihiin *Huernia* (la jaad ah gowracatada). Si kale kuma garatide, waxay ahayd janno dhireed!

Ayaandarro se, hore ayaa loo yidhi *"been fakatay runi ma gaadho".* Waxa ay dadkii buurtu isla dhex qaadeen inaannu nahay dad raadsanaaya macdanta dheemanta. Sidaas awgeed, waannu la baqannay inaanu ka fogaanno jidcaddaha (waddada) sida maska isugu looha buurta sinteeda. Wax aan ka badnayn 10 kiilo mitir (oo uu tuke toos duulo), baannu ka gudubnay dhirta Dayibka ah ee ka baxda heerka buurta ugu sarreeyay ee ceeryaanlayda ah, waxa aanu ka sii gudubnay aagag dhireed (vegetation zones) koobsanaaya dhir iyaga u gaar ah, ilaa aannu dhul bannaano ah oo qarfo ah (arid) gaadhnay, waxaa kusii xigay Gubankii, ugu dambeynna magaaladii Maydh ee xeebta ku tiillay. Jidka aanu maraynay se, waxa uu ku laalaabanyaa (oo isku loohayay) buurta sinteeda, saas darteed waxa uu socdkayagu gaadhayay 40-50 kiilo-mitir. Muuqaalka dhulka iyo dhiroonka ku yiillayba aad bey u qurux badnaayeen. Waxyaabaha aannu aragnay waxa ka mid ahaa: geedka Mayddiga, oo badiyaaba ka dul baxa dhadhaabo ama ka laalaada jararka, dhir sida Adaahida u eeg oo salkooda ballaadhani gaadhayo ilaa hal mitir oo isku-wareeg ah, geed quwaax ur culus leh, isla markaana bixiyay laamo iyo jirdo midabbo buluuki[9], caddaan iyo cawlaan ah leh, Dacar iyo Haadaan ama Xasaadin kala jaad jaad ah, iyo dhowr geed oo la yaab leh oo ah kuwa biyo la'aanta iyo cimilada adag adkeysiga u leh oo ay Tiinka isku bah yihiin.

Baadi goobkayagii geedgaabka biyaha dhexda ku keydsada (*stapeliads*) waxa ay nagu xambaaraysay inaannu foorarsanno annaga oo ka dhex raadinayna dhirta yar yar hoostooda, dhagaxaanta iyo jeex-jeexyadooda si aan u helno dhirtaas loo yaqaano "dhirta xishoota[10]". Haddaba qaabkaas aanu dhirtaas yaryar u raadinaynay ayaa abuurtay ku-tidhi-kuteenka ah ee ahaa inaannu macdanta dheemanta raadinaynno. Waxaannu isku deynay inaannu bulshadii amankaagsanayd u faahfaahinno keliya aannu u nimid inaannu raadinaynno Ubax (oo aanu erayga ku nidhi Afsoomaali), hase yeeshee cidina nagamay rumaysan.

---

[9] Cir-u-eke ama madow-caddaan.

[10] "Dhirta Xishoota" (shy plants): waxa loogu bixiyey iyagoon laga helin meel bannaan oo had iyo goor ay ka baxaan meel ay gabbood ka helayaan, qaarkoodna marka caleentooda la taabto ayay is-ururiyaan!.

Dhowrka cisho ee hore ee qof socoto ahi ama waageeni[11] ahi (sidayada oo kale) buurta ku dhex sugan yahay, waxa laabtiisa qaadanaysa quruxda kala-duwanaanshaha dhiroonka, oo aad mooddo meeshaas beer dabiici ah oo dhirta nool lagu keydiyo (*natural botanical garden*). Se waxay ahayd uun maalintii afaraad, goor aannu ku kor fadhinnay gebi ka korreeya Jarka Tabca, markii aannu maqalnay wax-ku-dhufasho aad mooddo in ay annaga toos noogu dhacayso. *Gow.. gow.. gow.* Haa, waxay ahayd godin goynaysa geed.

Waxaannu u jeedinnay dhegahayagii iyo indhahayagii dhinacii dhirgoyntu ka socotay. Meel ka sii durugsan waxaa nooga muuqday qiiq kor uga baxaaya dhirta shareeran. Ammintaas laga bilaabo iyo afartii maalmood ee ku xigay, waxaannu arkaynay oo keliya burburin. Dhir Dayib ah ayaa loo legdayay si howl yari ah, dhir waaweyn oo geed quwaax ah (*Commiphoras*) oo 100-gu' jir ah ayaa loo gooynayay dhuxul iyo adeegsi dhisme, goobo buurta ka mid ahna waxa loo banneynayay beerista Qaadka. Wax kele iyo kuma gartide waxa ay ahayd is-kabo-raacin ama burburin dhammeystiran oo lagula kacay keymo bikir ah oo dhirta qaarkood gooni iyo gaarnimo (*endemic*) u yihiin meeshaas oo aan meel kale laga heli karin. Waxa uu ahaa fal laga tiiraanyoodo. Bal meeshii uu kasoo kamkamaayay carfiga udgooni dhowr cisho ka hor (goortii aanu ardaaga fadhinay) ayaan haatan ahayn, haba yaraatee, meel *ceeb-ka-saliim ah* oo aan dembi lagu gelin: Dhirtii xabkaha udgoon lahayd ayaa dhuxul loo rogayay. Jirridaha Dayibka ee gaboobay ee la googoonayay oo xaabo, dhuxul iyo qalab dhisme laga dhigay ma uu ahayn muuqaal indhuhu iyo dhaayuhu jeclaysan karaan.

Dalka Somaliland lacagta naqadka ahi waa ku yar tahay, siiba markii ay dalalka Khaliijku joojiyeen iibsigii xoolaha Somaalida. Xil-sideennada Somaaliyeed ayaa dhowaan siiyey oggolaansho (liisanno) dhowr shirkadood oo hunguri wado si ay u gubaan keymaha, dhuxulna u

---

[11] Waageeni = qof dibedda ka yimid, ama ku cusub meel.

dhoofiyaan[12]. Sida ay muujinayaan qoraallo dhowaan la
qoray, goobaha uu dhuxulaysigu aadka u saameeya waa
Bariga Hargeysa (Caasimadda), una dhow Buuralayda
Golis ee koonfur ka xiga Berbera – dekadda ugu
muhiimsan dalka. Baabi'inta ku socota Buurta Surad waxa
ay tahay mid kooban (marka la barbar dhigo dalka intiisa
kale), waxaana lagu joojin karaa iyada oo wacyiga dadka
meeshaas ku nool la xoojiyo, iyada oo lagu baraarujinaayo
qaayaha ay leedahay hantidaas dabiiciga ahi. Hase
ahaatee, haddii shirkadaha dhuxulaysatada ahi ay
gaadhaan Buurta Surad, oo ah meel leh qurux aan la soo
koobi karin iyo kala-duwanaansho dhireed oo ballaadhan,
waxa hubaal ah in toos loo waayi doono khayraadkaas.

Keymaha Daalo waxay yihiin goobaha ugu fiican ee
ammin dheer dhowrsoonaa ee Geeska Afrika ee ay ka
baxaan dhir-gooniyaad, waanay mutaysatay in la xaqiijiyo
in ay noqoto goob ka mid ah goobaha Caalamiga ah ee
Hadhaaga Dabiiciga ah (*World Heritage Natural Site*).

Qoraalkan waa qaylodhaan ku socota cid kasta oo
daneyneysa inay badbaadiyaan meeshan gaarka ah ee
hodonka ku ah dhir iyo xayawaan kala duwan, lagana
ilaaliyo in gebigeedba la waayo, ka hor intaan fursad loo
helin in wax laga qoro ama aqoon-baadhis lagu sameeyo.
Annagu waxaannu qorsheyneynaa dhowaan inaanu ugu
baxno meeshaas socdaal aqooneed (*scientific expedition*),
annagoo kaashanayna maamulka halkaas ka jira, ayada oo
buuralayda Daalo inteeda badan aan weli la sahamin.

---

[12] Sida aan xog ku hayo maamulka Somaliland marnaba ma
bixinin liisan dhuxusha dibedda loogu dhoofinaayo. Hase
yeeshee liisamada ay bixiyaan waxa looga golleeyahay in
dhuxusha loo adeegsado daboolidda baahida gudaha. Waxa se
dhacda mararka qaarkood in dhuxushaasi u gudbi karto meelo
ka baxsan Somaliland oo kaddib qayb ka mid ahi laga sii
dhoofin karo.

Dabadhah: *Qoraaga buuggan ayaa intan ku daray*

Xilligaas ay labadan xeeldheere qoreen qoraalkan oo laga joogo ammin fidsan, waa la garan karaa tayo dhaca ku iman kara khayraadka buuralaydaas. Sidaas oo ay tahay, in kasta oo wacyigii deegaan ee dadku intii hore ka ballaadan yahay, haddana saansaanka saboolnimo ee ka jira dalka ayaa ah ka ugu weyn ee bulshooyinkaas ku xambaari kara in ay dhaawac u geystaan deegaanka. Se haddii shacab iyo xukuumad la is kaashado, loona guntado dhowrista deegaanka, waa la arki karaa in khayraadkaas si joogtaysan ama dheelli-tiran loo adeegsado. Waxa xusid mudan in hay'adda waddaniga ah ee Candlelight ay howl dhowris deegaan ka bilowday Buurta Daalo 2006-dii ilaa haddana ay gacanta ku heyso iyada oo la kaashaneysaa bulshada aaggaas ku dhaqan. Wax-qabadka hay'adda Candlelight waxa uu suurto geliyey in ay goobtaas ka joogsato goyntii dhirtu. Waana howl ku dayasho mudan oo u baahan in lagu fidiyo buurta inteeda kale iyo degaannada kale ee dalka.

5

Gumburi

"Gumburigii tigaad cunay marooduu laag la
tiigsaday e.."_____ X. Aadan Af-qallooc

Dad badan oo daneeya duurjoogta ayaa is-weydiinaya
xaaladda uu ku sugan yahay Dameer-dibaddeedka
Soomaaliyeed ama Gumburiga (*Somali Wild Ass*) oo keliya
laga helo dhulka Somaaliyeed, Jabbuuti iyo gubanka
Eriteeriya – kaasoo Ururka World Conservation Union
(IUCN)[13] ku suntay ama ku tilmaamay xaaladdiisa mid
halis weyn ku sugan (*critically endangered*).

Bilowgii qarnigii 20[aad] iyo intii ka horreysayba, dhulka
Soomaalidu waxa uu hodon ku ahaa duurjoog tiro iyo
kala-geddisnaan badan oo uu ka mid yahay Gumburigu.
Waxa hadda si xoog leh loo rumeysan yahay in
xayawaankaasi uu carriga Soomaaliyeed ka dabar go'ay,
isla markaana aanu jirin neflay ka mid ah oo ku nool
duurka; meelaha keliya ee laga heli karaana yihiin
seereyaasha lagu ilaaliyo xayawaannada ee Yurub,
Ameerika iyo Bariga Dhexe.

Gumburigu (eeg sawirka tirsigiisu yahay # 19) waxa la
rumeeysan yahay inuu awoow fog u yahay dameeraha
hadda aynnu dhaqanno, muuqaal ahaanna wey isu dhow
yihiin. Guud-ahaan, Gumburigu waa jaadka ugu laf
gaaban marka la barbar dhigo fardaha, dameeraha iyo
dameer-farowga. Gumburigu waxa uu taagni dheer yahay
1.20 mitir marka laga taakeeyo garbaha, waxaana uu isu
celcelin culayskiisu dhan yahay 270 kiilo. Midabkiisu inta
badan waa boodhe (grey), midabka hoos-u-jeedka

---

[13] IUCN: International Union for the Conservation of Nature

calooshu waa caddaan. Waxa uu se lee yahay astaan u gaar ah oo ah jeexdino (liidad) madow oo ku xardhan lugaha. Waxa uu keloo lee yahay raafaf dhaadheer oo dhuudhuuban – kana yaryar kuwa dameeraha, fardaha iyo dameer-farowga. Qaabka iyo hannaanka uu jidhkiisu u dhisan yahay ayaa ka dhigay inuu noqdo xayawaan dheereeya kuna socon og dhulka dhagaxlayda ah. Dhegahiisu waa ay ballaadhan yihiin waxaana dacallada kaga gedaaman midab madow ah; halka uu baarka tun-wareerkiisu[14] madow yahay.

Gumburigu waxa uu door bidaa daaqitaanka doogga; sidoo kalena waxa uu daaqaa caleenta dhiroonka yaryar (geed-gaabka). Gumburigu waxa uu aalaaba daaqaa xilli-maalmeedka uu kulaylka cadceeddu hooseeyo – sida waaberiga, gabbal-dhaca, iyo habeenkii. Xilliga ay cadceeddu aad u kulushahay, wuu hadh galaa. Haddaba xaaladda cimilo ee kulul, isla markaana adag awgeed, la-yaabitaan ma laha in Gumburigu aalaaba uu ka ag dhowaado ama laga ag helo meel biyo leh. Badiyaaba wax ka badan 32 kiilo mitir kama fogaado biyaha. Iyada oo uu harraadka uga adkaysi badan yahay dameeraha, fardaha iyo dameer-farowga, haddana labadii ama saddexdii maalmoodba mar ayuu cabbaa biyaha. Dhinaca taranka, sidka[15] Gumburiga dheddiga ahi waa laba gu' ama dabshid, waxaanuu dhalaa xilli roobaadka.

Gumurigu waxa uu ku sugan yahay xaalad dabar go' oo ay adag tahay in duurka lagu arki karo. Hase yeeshee, waxa jira neefaf Gumburi ah oo lagu arki karo seerayaasha lagu ilaaliyo duurjoogta ee dalalka Yurub, Waqooyiga Ameerika iyo Bariga Dhexe.

Waxyaabaha keenay in Gumburigu ka idlaado carrigeenna waxa ka mid ah:

- Dadka oo ugaadhsada Gumburiga – cunno ahaan iyo weliba isaga oo loo adeegsado dawodhaqameedka.

---

[14] Tunwareer = Waa timaha kor uga baxa qoorta.
[15] Sidka = Inta ay uurka ku siddo.

Dadka qaar ayaa rumeysan in baruurta Gumburigu ay bogsiin la hubo u tahay cudurka qaaxada[16];

- Abaaro carriga halakeeyey iyo colaado suurto geliyey faafitaanka qoryaha darandoorriga u dhaca oo fududeeya ugaadhsigiisa;

- Korodhka tirada dadka iyo degsiimooyinkooda;

- Khayraadkii dhireed, doog iyo biyo oo sii yaraanaya, iyo tartanka uu noolaha kale kula jiro ka-haqab-beellidda khayraadkaas;

- Ta ugu sii darani waa is-dhex-galka dameeraha iyo fardaha oo keeni kara taran-wadaag (inter-breeding) – taasoo halis weyn ku ah jiritaanka iyo waaritaanka Gumburiga.

Waxa aad loo rumeysan yahay in Gumburigu carriga Soomaaliyeed ka sii dabar go'ayo, weliba ay goosannadii ugu dambeeyey aad ugu sii riiqdeen abaarihii 2004-2005, in kasta oo badhtamihii 2006 xeyn ka kooban 6 neef la sheegay in lagu arkay agagaarka tuulada Shacaab, oo hilaaddii 50 km dhinaca waqooyi kaga qumman tuulada Huluul ee Gobolka Sanaag.[17]

---

16 Socdaal aan mar ku tegay (Nofembar 2009) dhulka buuraleyda galbeedka kaga qumman Ceerigaabo, oo la filaayo inuu yahay goobtii ugu dambeysay ee loo fili karo inuu ku hadhay Gumburigu, waxa uu qof shaqaale caafimaad ahi oo joogay tuulada Godmo-biyo-cas ii sheegay in goobtaasi ka mid tahay meelaha uu ugu badan yahay cudurka Qaaxadu. (Qoraaga)

17 Sida uu ii sheegay Cali Abdigiir (Caliganay) oo ah qoraa iyo cilmibaadhe, 1999kii saansaan adag ayaa ku xeernaa jiritaanka iyo nolosha Gumburiga, waxana lagaga dooday Golaha Baarlamaanka Puntland, waxana la soo ban dhigay xog ah in keliya 13 neef oo gumburi ahi duurka ku sii hadhay. Waxa kale oo warbixintaas, oo uu soo diyaarshay Xuseen Ismaaciil,

Gumburigu waxa uu u baahan yahay ilaalin iyo u-feejignaan dheeraad ah haddii la doonayo inuu ku sii noolaado duurka. Tallaabo kowaad oo door-roonaanteeda lehi waa in la sahamiyo tirada Gumburiga ee nool (haddiba ay jirto inay wax ka sii hadheen). Taasna waxa habboon in la barbar wado wacyi-gelin ku saabsan ahmiyadda Gumburiga iyo ilaalintiisaba. Sidoo kale, waxa loo baahan yahay in bulshooyinka uu la deriska yahay in loo fidiyo barnaamajyo horumarineed iyo gargaar kaleba, si looga jeediyo ugaadhsiga naflayda yar ee duurka ku sii hadhay.

wasiirkii koowaad ee Buntilaand ee Dhirta iyo Daaqa, Xannaanada Xoolaha iyo Beeraha, ku jirtay in kolkii la ugaadhsaday uu xeeled nololeed la soo baxay – taas oo ah in uu habeenkii daaqo, cabsi awgeed.

6

Dhirtii Hargeysa oo sii idlaanaysa

'Eebbow meel aan hadh lahayn hanna joojin'

__ Qoraaga buugga

Muhiimada dhirta

Qaayaha iyo waxtarka ay dhirtu innoo leedahay waxa si fiican loo arki karaa marka uu qofku dareenkiisa geliyo (ama suureeyo) meel ban ah oo aan lahayn geed la hadhsado. In yar oo ka mid ah waxyaabaha tirada badan ee ay dhirtu suurto geliso waxa ka mid ah: Hawo saxar la'aan ah, calcalyo xareedeed, cuntada aynnu quudanno iyo dhiiri-gelinta dareenkeenna. Haddii aynnu wax kale iska dhaafnona, waxaynnu ka helnaa madal fadhi oo raaxo leh. Bal u fiirso, indhaha haddii aad isku yar qabato oo aad dhegaysato dabaysha ruxaysa laamaha dhirta!

Halkan waxaynu kusoo koobaynaa waxyaabo ka mid ah wax-ka-taransiga (faa'iidooyinka) dhirta:-

- Dhirtu waxa ay yareysaa qulqulka iyo xawaaraha biyaha, waxaanay suurto geliyaan inay biyuhu dhulka hoos u galaan, kuna keydsamaan, rayskana hayaan;

- Dhirta waxa laga diyaariyaa hoyga dadka, waxayna gabbood u noqdaan xayawaan iyo dhiroon kale;

- Dhirtu waxa ay yaraysaa dhibaatada iyo burburka daadadku keenaan;

- Dhirtu marka ay dhimato, waxa ay hoy u noqotaa nooleyaal kala duwan. Marka ay durrujaa noqdaan ama burburaanna, ciiddana la fal-galaan, waxa ay dux (nafaqo) siiyaan nooleyaal kale;

- Dhirtu waxa ay illaalisaa isu-dheelli-tirnaanta cimilada adduunka, iyaga oo hawada ka nuugta naqaska Kaarboon-laba-ogsaydh, waxaana lagu magacaabaa dhirtu inay yihiin 'Sambabada Dhulka' – oo looga jeedo sida ay sambabadu dhiigga uga saaraan Kaarboon-laba-ogsaydh, isla markaana u geliyaan Ogsajiin;

- Dhirtu waxa ay suurto gelisaa in la helo sabooyin isu-dheelli tiran oo laga heli karo xaalado kaabaya nolosha iyo noolahaba, isla markaana waxa ay sameeyaan muuqaal quruxsan;
- Dhirtu waxa ay ka hor tagtaa carroguurka;
- Dhirtu waxa ay yaraysaa uumi-baxa biyaha;
- Dhirta waxa aynnu ka helnaa cunto nafaqo leh;
- Dhirta waxa laga sameeyaa dawooyin;
- Dhirta waxa aynnu ka helnaa tamaro kala duwan sida xaabada, dhuxusha iyo, Dhuxul-dhagax.[18]

Milicsi sooyaal (taariikheed)

Xilli ku siman boqol gu' ama dabshid ama in ku dhow, dooxada Hargeysa oo loo yaqaannay "Maroodi-jeex"[19] waxa uu ka mid ahaa meelaha ugu kaymaha (keynta) badan Somaliland oo hodan ku ahaa dhir iyo duurjoog kala duwan. Wax-ka-sheegidda ugu da'da weyn ee laga qoray Hargeysa waxa laga dhex heli karaa buugaagta ay qoreen sahamiyeyaal iyo ugaadhsato Ingiriis ah oo ay ka mid ahaayeen C. Peel iyo H.G.C. Swayne oo soo gaadhay Hargeysa dabayaaqadii 1890-aadkii.

Dooxada Hargeysa waxa ay ahayd goob laga helo duurjoog iyo dhir kala duwanaansho ballaadhan leh. Waxa ay isla markaas ahayd cayn aad u shareeran, oo gabbood u noqon jirtay habardugaagga kala duwan, sida libaaxa,

---

[18] Dhuxul-dhagaxdu waxa ay kasoo jeeddaa dhiroon iyo noole kale oo dhintay malaayiin gu' ka hor, sidaasna ku dhagaxoobay.

[19] Magac kale oo aan caan bixin, se laga helo buugaagta taariikhda ah ee la qoray xilligii Ingiriiska, waxa dooxada Hargeysa la odhon jiray "Aleel-dheere", eeg buugga Major Swayne, *Seventeen Trips Through Somaliland*.

shabeelka   iyo   waraabaha.   Ku-nagaanshaha
habardugaaggaas kala duwan oo biyaha togga iyo dhirtu
soo jiidan jirtay, waxa ay meesha ka dhigtay meel
xoolodhaqatadu aanay ku habayaamin xilliyada
badankooda – marka laga reebo jiilaalkii uun oo ay u soo
ceel fadhiisan jireen. Geedaha waaweyn ee dooxada
Hargaysa ku yaallay waxaa ka mid ahaa Galool, Qudhac,
Bilcil, Sogsog, Gob, Cadaad iyo qaar kale. Major Rayne oo
ka mid ahaa maamulayaashii Ingiriis, isla markaana ahaa
badhasaabkii Seylac, oo socdaal ku maray Hargeysa 1921-
kii oo sifeynaya muuqaalka Hargeysa waxa uu yidhi:

".. waxaannu gaadhnay Hargeysa oo tuulo Afrikaan ah oo
dhul joog sare leh ku taal. Halkeer waxa ahaa
Maxkamaddii, liinkii bilayska[20], shookigii (rugtii
booliiska)[21] iyo gurigii badhasaabka[22] ama Diisiiga
(*District Commissioner*). Marka la sii dhaafona waxa ku
taalla tuuladii oo ka kooban dergado ka sameysan sarab,
caw iyo leben; waxa kale oo jiray guri keliya oo dhagax

---

[20] Liinkii Bilayska = Waxa loola jeedaa degsiimadii ciidamada
Booliska loo qoondeeyay. Ereyga "Liin" waxa uu u dhow yahay
in uu Afingiriisi kasoo jeedo sida ereyga *"Line"*.

[21] Shooki = Waa eray kasoo jeeda Afhindi *"Chowki"* oo la
ulajeeddo ah "Rug Boolis".

[22] Erayga ah Badhasaab, asal ahaan waa af Hindi; waana laba
eray oo isa saraan, erayga *Badha* waxay u yaqanaan
luuqdooda weyni. Halka eraya *Saahab* u isticmaalan Mudane.
Marka laysku dhufto labada eray waxa uu macnahoodu
noqonaya *Badha-Saahab* oo luuqadeenna la macno ah mudanihii
wayna. Inagu marka aynnu erayga *Saahab* odhanayno waxa
aynnu nidhaa **Saab**, kaaso aynnu ka reebno xarafka H.
(Faahfaahintan waxa bixiyay Sh. Sh.Cabdirisaaq Cabdiraxmaan
Xasan Rakuub, waxana ay ku dhex jirtay qoraal uu qodobkan ka
qoray).

ah.[23] Labada qaybood waxa u dhexeeyey ay (kaymo) jiq ah oo dooxa dhinaca ku haya. Aygaas waxa ka buuxay dhir qodaxlay ah, dacar ubax leh, iyo geed kumanaan farood leh. Waxa la yaab lahaa, waxa meeshaas ku sugnayd gabadh reer Yurub ah, oo hoos fadhiday geed qudhac ah oo damal ah oo muuqaalladaas oo dhan sawir-gacmeed isugu geysay. Waxayna lahayd wey bilic san yihiin"[24].

Geedkaas kumanaanka farood leh waxa aan is lee yahay in qoraagaas Ingiriis ugala jeeday ciinka *(Euphorbia nubica)* oo weli ay Hargeysi caan ku tahay.

Laga-soo-gaadho gu'gii 1891kii waxaa jirtay degsiimo yar oo ku taallay Xaafadda Jamaaca-weyn ee Hargeysa oo ay ka dhisnaayeen dergado iyo aqallo-Soomaali waxoogaa ah. Dhismihii qurigii Lord Delamare, ayaa ahaa gurigii ugu horreeyay ee nin reer yurub ah looga dhiso Hargeysa. Delamere Somaliland waxa uu ku yimid socdaalkiisii ugu horreeyay ee Afrika si uu u ugaadhsado libaaxa; waaanuu soo noqon jiray gu' kasta. Haddaba, 1894kii waxa isagii weeraray libaax oo si xun u dhaacwacay, waxase badbaadiyey oo ka gaadhay inuu dilo nin Somaali ah oo qori-side u ahaa oo la odhon jiray Cabdillaahi Cashuur[25] oo libaaxii ku booday, markaasaa Lord Delamere fursad) u siiyay inuu laaco (tiigsado) qorigiisii. Dhacdadaas kaddib, Lord Delamere lug buu ka dhitin jiray intii noloshiisa ka hadhsanayd; hase ahaatee, waxa ka dhashay inuu qaddarin u hayo Soomaalida[26].

Xilligii maamulka Ingiriiska ee Somaliland, waxa la qabatimay ama la dhaqan geliyey xeerarka ilaalinta keymaha. Sidoo kale waxa hakad la geliyey qulqulka biyaha iyada oo la adeegsan jiray biyo-xidheenno yar yar

---

[23] Guriga keliya ee dhagaxa ka samaysan waxa dhistay Lord Delamere, sida aan meel dambe oo qoralkan ah ku faahfaahin doono.

[24] M.C. Major H. Rayne, Sun, Sand and Somalis (1921)

[25] Cabdillaahi Cashuur wuxuu ka mid ahaa xertii Sheekh Madar, waxaanuu kasoo jeeday reeraha laga tirada badan yahay.

[26] Bull, Bartle. (1992). Safari: A Chronicle of Adventure, p. 188.

oo dhagax iyo ciid ka sameysan. Qofka geed gooya waxaa
lagu oogi jiray ganaax ama xidhitaan, haddii xoolo lagu
dhex arko magaalada, xeroboonka[27] ayaa lagu xerayn jiray,
cidda lehna ganaax baa laga qaadai jiray.

Dhibaatada haysata Dhirta Hargeysa

Waxa hoos aad ugu dhacay tiradii dhirta ku taallay
dooxada Hargeysa, waxana arrintan loo aanayn karaa
qodobbadan soo socda:

1. Korodhka Dadka magaalooyinka ayaa ka mid ah
   waxyaalaha dhaliyay in la waayo dhirtii ku tiillay
   magaalooyinka. Hargeysi waxa ay ka billaabantay
   guryo yaryar oo ku yaalla xaafadda Jameeco weyn
   (1891), iyada oo haatan isku ballaadhisay in ka badan
   250km^2 (laba boqol iyo konton kiilomitir oo isku-
   wareeg ah). Dhulkaas ballaadhan oo ahaan jiray kaymo
   dhir badan leh, hadda waxa uu isu dooriyay
   dhismeyaal iyo waddooyin. Dhir-banneyntii ugu
   horraysay ee xilliyadii hore waxa ay ahayd xilligii ay
   Hargeysa ka suurto gashay degsiimadii ugu horreysay,
   kolkaas oo ay xertii Sheekh Madar dhinaca waqooyi ee
   dooxa ka bilaabeen beerista hadhuudhka. (Swayne
   1893)

2. Carradii ayaa noqotay dirri oo isku dhegtay. Waxaana
   taas keenay dhaqdhaqaaqa iyo ku-tumashada dadka
   iyo baabuurta; waxaana ay noqotay didib aanay biyuhu
   gelin, taasina waxa ay keentay in dhirta xididdadoodu
   waayaan biyo iyo nafaqo ku filan. Waxa kale oo ay
   keentay in uu kordho qulqulka biyuhu, taasi oo burbur
   iyo dhibaato joogto ah ku ah waddooyinka iyo meelaha

---

[27] Xero Boonku waxay ku taallay goobta Hudheel Hadhwanaag.
Erayga "boon" waxa uu ka yimid erayga Afingiriisiga ah
"pound" oo ah meel lagu xereeyo xoolaha anbadka ah ee si
sharciga aan waafaqsanayn u soo gala meel.

loogu talo galay inay ka qululaan biyaha roobku. Dhirta yaraatay, sidoo kale, waxa ay dhalisay in uu kala go' ku yimaaddo wareeggii macdanta (*nutrient cycle*), taasina ka qayb qaadatay yaraanta hoos-u-duska iyo kaydsanka biyuhu ciidda dhexeeda.

3. Jarista dhirta ee aan loo aabbe yeelin si loogu adeegsado oodasho, xaabo-ahaan iyo sarab wax lagu dhisto ayaa iyaduna dhibaato ah. Waxaana ugu daran dhulka Shacabka oo ahaan jiray dhul dan guud ah, maxaa wacey, horaa loo yidhi "*dan guud waa loo daran yahay*". Dhulkaas waxa deggan tiro badan oo ah kuwa dalka gudihiisa ku barokacay iyo kuwo kasoo laabtay meelo kale.

4. Geedka Galoolka oo ka mid ah dhirta uga waxtarka roon, aadna uga bixi jiray dooxada Hargeysa, ayaa u ban dhigan goyn joogto ah iyo asal-ka-diirasho lala beegsado jirriddiisa, iyada oo loo adeegsado dawo dhaqameed. Qolofridistu waxa ay geedka suguqul kaga dhigtaa (ku yareysaa) socodka biyaha iyo nafaqadu inay laamaha iyo caleemaha gaadhaan – kuwaas oo aan looga maarmeyn korriinka geedka.

5. In kasta oo dib-usoo-bixitaanka jaadadka dhirteenna xeru-dhaladka ahi (*indigenous*) ay aad u hoosayso, isla markaana korriinkoodu uu gaabis yahay, haddana riyaha iyo geela ayaa saamayn xoog leh ku leh inay soo baxdo dhir cusubi. Tani waxay turunturro iyo niyadjab gelin kartaa qorshe kasta oo dib-u-dhireyneed oo laga hirgelin lahaa magaalada.

6. Wacyigelinta ku saabsan arrimaha Deegaanka ayaa aad u hoosaysa dhinaca dawladda iyo qaybaha bulshada ee gaarka ah. Muqaalka ah geed weyn oo qodaxlay ah (sida qudhac oo kale) oo si nacasnimo ku jirto loo jiidhsiinayo ama lagu rujinaayo cagafcagaf si loogu banneeyo mashruuc dhisme waa muqaal yaalaaba la arki karo. Fikradda ah in la sameeyo jardiinooyin (dhul cagaaran oo lagu nasto oo magaalooyinka dhexdooda ah) waa mid ka dahsoon qorshe-u-dejiyeyaasha (*planners*) Dawladaha Hoose – iskaba dhaaf inay iska

hortaagaan hunguri weynaanta kuwa dhulka ka ganacsada, iyo, sidoo kale, goynta dhirta ee ay ku kacaan dadka saboolka ah ee kusoo laabtay magaalada oo ka dhigta xaabo iyo xayndaab.

7. Barnaamijyo dhir beeris ah oo aanay lahayn caasimaddu, iyo weliba inay dhacdo in ganacsatada qaar (amar la'aan) ku jaraan dhirta ku taalla qolqolka dhismayaashooda, si ay uga joojiyaan dadka doonaya inay meherado yar yar, sida shaah-karin ama dukaan-cooshadeedyo uga samaystaan dhirta hoostooda. Ma jiro qorshe dawladeed oo ka ilaalinaaya dhirta in si xun loola dhaqmo ama la gooyo, isla markaana sharci hor joogsanaya kuwa ku kacaya falalkaas[28].

8. Bacda oo dadka qaar ku naaneysaa "ubaxii Hargeysa" marka aad dhugato sida ay dhirta ugu laalaaddo ama u qabsatay ayaa la rumaysan yahay, inay hoos u dhigto habka ay dhirtu cuntadooda u samaysato ee *Photosynthesis*-ka isla markaana ay dhirta ku abuurto xaalad walbahaar oo joogto ah. Arag-xumaantooda ayaa iyana naftu dhibsataa.

9. Sidoo kale, waxa iyaduna qayb ka qaadatay dhimashada dhirta magaalada, saliidda baabuurta laga dooriyo (beddelo) ee lagu daadiyo meel kasta.

Saadaasha Timaaddada iyo Dadaallada badbaadinta Dhirta

Guud ahaan baaba'a ku imanaya dhirtu waxa uu dhibaato u geysanayaa deegaanka – dhir iyo xayawaanba. Dadka da'da ah ee Hargeysa degganaa waxa ay hibasho ka muujiyaan hoos-u-dhaca dhirta Hargeysa – tiro iyo tayo ahaanba. Waxa ku daayay (oo aanad maqlaynin) sanqadhii

---

[28] Si ka sii faahfaahsan, qaybtan waxa lala akhriyi karaa qoraalka kowaad ee ku suntan: "Maxaa gaadhay geedkii islahaa goblanbaad ka badbaadday!".

u taalay foorida canbuusha[29] geedka galoolka ee xilliga dabaysha xagaagu babanayso la maqli jiray iyo ubaxyadii hurdiga ahaa ee manka udugga ama sumbaaxa[30] watay ee dabayaaqada jiilaalka iyo xagaaga! Muuqaalka ugu daran ee innagu soo fool leh waa magaalo ka madhan dhirtii cagaarnayd, se la ceeryoonsan dhismayaal, baabuur iyo qashin keliya!

Dhammaan arimahaasi waxa ay durba keeneen in heer-kulkii caasimadu kor u kaco, isla markaana ay hawadu xumaato (ur iyo muuqaalba), kaddib markii la waayay ama ay yaraatay cimiladii qaboobeyd ee ay dhirtu abuuri jirtay. Si ay dhirtu cuntadeeda u samaysato waxa ay ka nuugaan kiimikooyinka waxyeellada leh sida Kaarboon-2-Ogsaydh, waxana ay soo saaraan ama bixiyaan Ogsajiin[31]. Sidoo kale waxa ay soo qabataa dhirtu oo ay ka saxar tiraan waxyaabaha hawada xumeeya sida qiiqa, boodhka, iwm.

Xil-sideennada u xil saaran dhowrista dhirta iyo guud ahaan deegaankuba kuma baraarugsana arrintan. Dhinaca kale, guddoomiyeyaashii caasimadda Hargeysa isaga soo daba maray, waxa halhays u noqday inay ku celceliyaan 'Bilicda magaalada', hase yeeshee wey adag tahay in la garto waxa looga jeedo "bilicda" magaalada, marka la eego

_____

[29] Foorida galoolka waxa sameeya canbuusha engegan ee daloosha. Dabeyl-xagaadu markay dhacayso waxay kaga foorisiisaa canbuusha. Daloolka canbuushu waxa sameeya cayayaan. Marka ay canbuushu qoyan tahay ayaa cayayaanka qaarkood beedkooda dhigtaan, Beedku marka uu dillaaco, noolaha cusubi waxa uu canbuusha qoyan ka helaa hoy iyo cunto, markay koraanna waxay sameystaan dalool ku filan in jidhkoodu kasoo baxo. Canbuusha jaadkan oo kale ahi waa sidii guri laga guuray, ha yeeshee waxay gabbood u noqotaa nooleyaal kale.

[30] Sumbaax = Ur udgoon oo la jeclaysto. Waxa la mid ah "Kankan".

[31] Karboon-2-Ogsaydh waxa uu saldhig u yahay nolosha arlada. Marka uu se xad-dhaaf noqdo wuxuu ka qayb qaataa Diiranaanta Cimilada.

daneyn la'aanta dhirta. Bilici se wey ka maqan tahay magaalo aan dhir lahayn.

Waxa xusid mudan in hal-ku-dhiggii xuska Maalinta Deegaanka Adduunka ee gu'gii 2005tii uu ahaa 'Magaalooyin cagaar ah'. Shirkii Qaraamada midoobay ee toddobaadkii ugu horreeyay ee gu'gaas lagu qabtay magaalada San Fransisco ee dalka Maraykanka waxa kasoo qaybgalay Maayarro badan oo ka kala socday magaalo-madaxyada adduunka, waxaana halkaa lagu qaatay in la qaado tallaabooyin deegaanka la jaal ah oo ku aaddan magaalooyinka – oo ah meelaha ay bulshada arladu ay inteeda badani ku nooshahay.

Haddaba, weli yididiilo may idlaan, 'xeedho iyo fandhaalna mey kala dhicin!' Maayarada caasimadaha iyo magaalooyinka carriga Soomaalida waxa ku habboon in ay qaataan isla markaana qaadaan tallaabooyin ku aaddan helitaan deegaan fayo qaba.   Waxaana wanaagsan in talooyinkan hoos loo eego:-

a. In la joojiyo goynta dhirta ee sida 'maxaa kaa galayda ah' loo gumaadayo ee magaalooyinka.
b. In qof kasta oo guri dhisanaaya lagu soo rogo in uu ballan qaado in uu ugu yaraan laba geed beero.
c. In qayb ka mid ah dhulka danta guud loo qoondeeyo dhir-beeris iyo *jardiinooyin*.
d. In la habeeyo oo si fiican loo maamulo qashinka buuxiyay magaalooyinka.
e. In la sameeyo wacyigelin bulsho si loo illaaliyo deegaanka magaalooyinka.

7

Banneyntii iyo Baabi'intii Aygii Batalaale

Batalaale waa dhul-xeebeed ku yaalla dhinaca waqooyi ee magaalada Berbera. Dhinaca bari waxa u soohdin ah taagada dhagax-shacaabiga ka sameysan ee uu ka dul dhisan yahay dhismaha Cisbitaalka qabyada ah ee dalkii Midowgii Soofiyetigu (loo yiqiin Ruushka) kaga tegay. Dhinaca waqooyina waxa ka xigta badda Khaliijka Berberi (Cadmeed) iyo barta la yidhaahdo Bender Cabbaas, oo ahayd sal-dhiggii hore ee Berbera, oo ay ka sii hadheen xabaalaha cidhifka ku haya badda ee loo yaqaan "Xabaalaha Saadada".

Sida dad badani rumaysan yihiin, Batalaale waxa uu caan ku yahay goobtii lagu aasay gabayaagii Somaaliyeed (Cilmi Boodheri) oo sida la ogsoon yahay ahaa qofkii Soomaaliyeed ee ugu horreeyey ama keliya ee jacayl u god gala (u dhinta). Mid ka mid ah midhaha hees uu ku luuqeeyo fananaanka Axmed Cali Cigaal ayaa sidan ah:

> "Baddu inay madowdahay,
> Biyo tahay ma moog tahay?
> Boodheriba Caashaqu,
> Batalaale inu dhigay,
> La soo booqdo ma og tahay..?"

Si kooban, heesaagu waxa uu u jeedaa: "Sida aan muran uga jirin madowga[32] badda, iyo weliba inay ka kooban tahay biyo; ayaa sidoo kale ay run u tahay in caashaq loo dhinto".

Ilaa laga soo gaadhayo 1988kii, Batalaale waxa uu ahaa dhul dhowrsoon oo ay ilaalintiisa iyo maamuliddiisaba ku

---

[32] Badda midabkeedu waa "buluuki". Waxa xiiso leh inuusan jirin eray af-Somali ah oo lagu tilmaai karo midabka buluugga ah, waxa se lagu tilmaami karaa 'cir-u-eke'. Sidoo kale, qaamuuskii ugu horreeyay ee Afsoomali ku soo baxa (1897kii), waxa uu qoraaga dejiyay oo ahaa baadderi la odhon jiray Evangeliste de Larajasse adeegsaday "madow-caddaan".

howlannayd Qaybta Dhirta ee Wasaaraddii Deegaanku. Dhulkaasi, laga soo bilaabo dabayaaqadii 1945-kii, waxa lagu beeri jiray dhir u badan geedka Dhamasta (*Conocarpus lancifolius*). Ulajeeddada loo abuuray beertaas waxa ay ahayd inay dhirtu hakis ku sameyso dabeylaha kusoo dhacaya magaalada Berbera, isla markaana ay wanaajiyaan cimilo-deegaaneedka (*mirco-climate*) magaalada, qurux ildoogsi lehna soo kordhiyaan. Howshan oo uu bilaabay nin Ingiriis ah oo la odhon jiray J. J. Lorry oo ahaa Dhir-dhowre (*forester*) oo ka tirsanaa Laanta Khayraadka Dabiiciga ah (Department of National Resources) waxay ahayd bilow fiican oo dhul cusub lagu dhireynaayo.

Ka hor intii aan dhireyntaas la bilaabin, goobtaas Batalaale wax ay ahayd dhul carradeedu jaan[33] tahay oo badanaaba uu ka bixi jiray geedka Xudhuunka ahi (*Suaedo fruticosa*) iyo dhir ama dhiroon (shrubs) kale oo adkaysi u leh cusbada sida Darif (*Lasiurus hirsutus*) iyo Dungaari (*Panicum turgidum*). Dhirbeeris ballaadan oo geedka Qoomaha ah (*Hyphaene thebaica*)[34] ama Bahaashka, dhirtimireed iyo Dhamas isugu jirta ayaa laga bilaabay gu'yaashii u dhexeeyay 1945-1950kii. Dhirtaas oo tiradoodu dhammeyd 12,000 oo geed, waxa lagu kacaamiyey xarunta tarminta dhirta ee Berbera. Tallaabo taas la mid ahna waxa lagu dabo cidhbiyay 1975-1978kii, oo sidoo kale dhir tiro badan oo dhamas ah lagu kordhiyey. Waxa intaas dheer ceelal gaagaaban oo lagu waraabiyo dhirta ayaa laga dhex qoday goobtaas.

Ayaandarro se, waxa dhacday in la xasuuqay dhirtii Batalaale, kaddib markii ay burburtay xukuumaddii dhexe ee Soomaaliyeed. Dhibtuna waxa ay ka timid dadkii ku bara-kacay dagaalladii ee aan guryaha heysanin, kaddibna

---

[33] Ciid aad isugu dheggan oo milixda baddu ku badan tahay.
[34] Qoome: Waa geed la bah dhir-timireedka iyo Qumbaha oo mido buurbuuran oo adag leh.

kusoo laabtay Berbera, ayaa u adeegsaday dhirtii dhisme iyo calaf[35] xoolaad. Waxa kale oo ay goobtii Batalaale noqotay meel uu si joogto ah u daaqo geelu, iyada oo markii hore ay ahaan jirtay meel dhowrsoon oo daaqitaanka xoolaha ka caaggan, dhirteedana la garaacin.

Habdhaqankan xoolaha lagu dhex dhaqanayo magaalooyinka waa mid cusub oo dhibaatadiisa leh, oo aan suurto-gelinayn in dib loo dhireeyo Batalaale iyo meel kaleba.

Haddii aad dhex lugayso goobtii Batalaale, waxa aad arki kartaa kurtinnadii dhirtii la xasuuqay oo seebka isu haya – kuwaas oo qofkii ogaan jiray sida uu Batalaale ahaan jiray murugo iyo uur-ku-taallo ku reebayasa, isla markaana xasuusinaysa sida gunnimadu ku jirto ee loo tirtiray dhirtii goobtaas. Xitaa waxaan meesha ka muuqan karin xabaashii Cilmi Boodheri (Eebbe ha u naxariisto e).

Waxa hadda goobtii laga dhex abaabulay dhul yar oo taar lagu soo wareejiyey oo uu ka socdo howl dib-u-dhireyn ahi.[36] Waxa se xiise leh iyada oo uu geedka Garanwaagu (*Prosopis juliflora*) hadda si baahsan u qabsanaayo dhulkii hore looga xaalufiyey dhamastii iyo timirtii. Ayaan darro se, dhulkii bannaanaa ayaa soo jiitay indhihii dadka ku mamay dhulboobka oo kaashanaaya xil-kasnimo-darrada qaar ka mid ah xil-wadeennada dawladeed, waxaana si ballaadhan u socda baloodhaynta dhulkii Batalaale.

---

[35] Calaf = Waxa kasta oo xoolaha gacan lagaga quudiyo.
[36] Waxa soo shaac baxay badhtamihii 2014kii, in dhulkaas yar ee ka hadhay mashruucii Batalaale, in qof ganacsade ah laga iibiyay!

8

Geedka Garanwaaga[37]

"Haddii aanad ka guulaysan karin geedka
Garanwaaga, waxa fiican in lala heshiiyo oo sida ugu
habboon wax looga taransado" ___ Qoraaga buugga

Garanwaaga waxa lagu tiriyaa inuu yahay geed-gaab
dhererkiisu gaadho 6-7 mitir. Goor kasta waa calaymeysan
yahay, waxaanuu kasoo jeedaa badhtamaha labada
qaaradood ee Ameerika iyo jasiiradaha Kareebiyanka. Waa
geed dhaqso u bixi og, ciiddana nafaqeeya, isla markaana
adkaysi u leh ka-bixitaanka ciidda ay cusbadu ku badan
tahay. Geedkan waxa meelo badan oo adduunka ah looga
yaqaan mid u fida qaab lagu tilmaami karo sidii col weerar
ah oo kale oo hantiyaya dhulka kasta oo bannaan.
Xididdadiisa ayaa dhulka hoos u muquurta oo gaadha ilaa
15 mitir, marmarka qaarkoodna intaas laba-laabkeed, si ay
qoyaanka ama biyaha u gaadhaan; laamihiisa fidsan iyo
xaabka badan ee geedka ku hoos dhacaa uma ogolaadaan
inay dhir kale ku hoos tamariso ama ka baxaan. Sida ay
muujisay tijaabo lagu sameeyey dalka Cummaan, geed
kale oo ka mid ah bahda Garanwaaga (*Prosopis cineraria*)
oo asal-ahaan kasoo jeeda carriga Hindiya ayaa la sheegay
in uu biyaha ku gaadho joog hoose oo dhan 60 mitir. (Le
Hourerou).

Somaliland, geedkan waxa looga yaqaannaa Garanwaa.
Magacan oo laga dhadhansan karo sida lama-filaanka ah
ee uu dalka u soo galay iyo degdegga uu u fidayo, taasoo

---

[37] Qoraalkan waxaan kasoo ururiyey daraasad ku saabsan
Garanwaaga oo ay diyaariyeen Axmed Ibraahin Cawaale iyo
Axmed Jaamac Sugulle. "Proliferation of Honey Mesquite in
Somaliland: Opportunities and Challenges", (March 2006), oo ay
maal-gelisay hay'adda Candlelight

la odhon karo, xitaa waxa uu dadka u siin waayay door (fursad) ay ugu bixiyaan magac u qalma. Gobollada Dhexe iyo Koonfurta Somaaliya waxa looga yaqaan Geed Yuhuud, Geed Jinni iyo Cali Garoob.

Dadka loo yaqaanno Hindida Cascas oo kasoo jeeda dadkii qaaradaha Ameerika loogu tegay waxa ay midhaha Garanwaaga weli u adeegsadaan cunto-dhaqameed. Waxa ay kaloo ka sameystaan cabbitaan shaah, sharaab iyo cunto sida buusha loo diyaariyey oo loo yaqaan *Pinole*. Jidhifta garanwaaga waxa laga sameeyaa kolayada (selladaha), hu' la xidho iyo daawo. Geedkani waxa uu ugu jiraa dadkaas meesha uu Galoolku Soomaalida ugu jiro. Xaabada ama xuladdada garanwaaga ee la shitaa si aad yar ah ayay u ololaan, dabka ka baxaana xoog buu u kulul yahay[38]; sidoo kalena, xuladdada garanwaagu waxa ay ku fiican yihiin in hilibka ama kalluunka lagu moofeeyo (hogeeyo ama lagu solo); waxaanu u sameeyaa carfi soo-jiidasho leh.

Meelo badan oo adduunka ah, waxyaabaha laga diyaariyo Garanwaaga ayaa sii kordhaaya. Garanwaagu waxa uu lee yahay qori heer sare ah oo laga diyaariyo qalab qaayo leh. Waxa astaan u ah qoriga Garanwaaga inaanu soo ururin ama faaxin (fidnaanshiiyo keenin).

Markii ugu horreysay ee uu geedkani Somaliland soo galay waxa ay ahayd 1950-kii, goortaas oo uu nin dhir-dhowre ah (forester) oo Ingiriis ahi, magaciisana la odhon jiray Dowson uu u adeegsaday dabeyl-caabbi (windbreak), goortaas oo uu mashruuc timireed ka fulinayay xeebta Bullaxaar ee saaran badda Khaliijka Cadmeed. Soddon gu' kaddib, geedkani waxa uu noqday mid ay hay'adihii horumarineed ee kaalinaayay qaxootigii uu soo baro-kiciyey Dagaalkii Ogaden (1977), u adeegsadaan inay dib-u-dhireyn ku sameeyaan agagaarkii xeryo qaxootiyadii ku filiqsanaa waqooyiga Somaaliya. Sidan si la mid ah ayaa loogu faafiyay xeryoqaxootiyadii badhtamaha iyo koonfurta Soomaaliya.

---

[38] Heerk-kulka uu sameeyo gubidda garanwaagu waa lagu qiyaasay 8,050 Btu/lb (British Thermal Unit/pount).

Kobo Garanwaa ah oo jiq ah ayaa haatan teedsan, si mug lehna ugu qotoma dacallada dooxyada – kuwaasoo dhulkii kala wareegay dhirtii xero-dhaladka ahayd (indigenous trees). Sababta ugu weynina ma aha fiditaanka degdegga ah ee Garanwaaga, balse waa adeegsiga baahsan ee dhirta kale iyo garasho la'aanta iyo adeegsi la'aanta Garanwaaga. Dhinaca magaalooyinka, geedkani waxa uu ka mid yahay dhirta kuwa ugu hadhka fiican. Astaamihiisa la mahadiyo waxa si fiican u soo ban dhigtay islaan deggannayd mid ka mid ah xaafadaha Hargeysa ee dan yartu ku nooshahay. Maalin ay dhir qaybinayeen shaqaalaha laanta deegaanka ee hay'adda Candlelight ayay islaantaasi weydiisatay inay siiyaan geed keliya oo Garanwaa ah! Kooxdii dhirta qeybinaysay waxay ku noqotay arrin filan-waa ah. Waxaanay is weydiiyeen: Maxay cid kastaaba geedka u fogeysaa, loona arki la' yahay cid wanaag ka sheegaysa, maxayse islaantani ay uga xulatay dhirta kale oo dhan? Islaantii eray-celinteedi waxay noqotay "Garanwaaga hadhkiisa oo kale lama arko, uma baahnid inaad waraabisid ama xoolo kaa daaqaan ama cadey laga goosto, umana baahna inaad ood ku wareejiso, waa kori ama bixi og yahay waana da' weynaadaa!" Dhowr gu' kaddib dib ayaa loo laabtay gurigii islaanta; waxana la arki karayay in uu geedkii noqday damal ay hadhgalkiisa ka martiyaan haweenka deriska la ahi, laguna kuunyo[39] dedaalkeeda. Waxa kale oo uu geedki ka qayb qaatay kor-u-qaaddida magaca iyo kaalinta ay islaanta kaga jirto bulshada.

Sida aynnu kor kusoo xusnay, in kasta oo ay jiraan waxyaabo laga taransan karo geedkan, haddana gu'yaashan dambe, waxa soo kordhayay dhalliilo iyo dhibaatooyin loo tiiriyo. Sidaas awgeedna dad badani

---

[39] Kuuni = Wax qiimo dheeraad ah leh oo cidi haysato, cid kale oo u baahanina ku cawrido. Markaa, "lagu kuunyo" waxa ay la ula jeeddo tahay "cid kale isla jeclaato".

waxayba ku taamaan dabar goyntiisa. Dhibaatooyinkaas waxa ka mid ah in uu si cufnaani ku jirto u baxo oo uu dhaqdhaqaaqa dadka iyo noolahaba xakameeyo. Waxa kale oo uu tartan kula jiraa dhiroonkii xero-dhaladka ahaa, oo uu shiikhiyo, waxana ay arrintani keentay in hoos u dhac ku yimaaddo kala-duwanaanshihii noolaha. Waxa kale oo halkaas ka dhalan kara in daaqsintii yaraato, kaddib marka uu qabsado dhul badan. Xaddiga sonkorta ee ku jirta dhaameelkiisa ayaa xoolaha ku keenta suus ilkaha ka gala iyo cillado xagga dheef-shiidka ah, taasina waxa ay dhalisaa neefku in uu weydoobo. Dhinaca togan, waxa jirta in magaalooyinka uu aad ugu sii badanayo adeegsiga geedkan – haddii ay tahay dhuxul ahaan, xaabo, dhiska, wax-ku-oodasho (in kasta oo aanay laamihiisu raandhiis[40] lahayn), iwm.

Haddaba, arrinka ku xeeran geedkani waa mid mudan in si qoto dheer loo baadho iyada oo la joogo xilli ay dhirtii xero-dhaladka ahayd aad u sii yaraanayso, dhinaca kalena baahida tamar-dhireedku (biomass energy) sii kordhayso.

Habka ugu wacan ee loo maarayn karo fiditaanka Garanwaaga waa iyada oo la xoojiyo adeegsigiisa. Dhirta yar yar ee aan weli adkaan si fudud ayaa dhul-beereedka looga siibi karaa. Waxa kale oo la adeegsadaa gubid (dadka qaar digo shidan ayay gunta kaga meeriyaan). Geedka la gooyaa dib ayuu u fiili og-yahay, haddaba, si aad u hubiso inaanu dib u soo fiilin, jirridda la gooyo waxa laga daba tagaa ilaa 10 senti-mitir oo dhulka hoostiisa ah, halkaas marka laga gooyo ee ciidda lagu aaso, inta badan dib uma soo bixi karo. Adeegsiga saliidda gubatay ee baabuurtu, si loo dilo geedka, waxa ay waxyeello gaadhsiinaysaa deegaanka kale ee ku xeeran geedka, sida ciidda iyo noolaha kaleba.

Arrinku si kastaba ha ahaadee, waayo-aragnimadeenna iyo mid meelo kale laga helayba waxay muujinaysaa inay adag tahay in Garanwaaga dagaal lagaga guulaystaa. Sidaas daraadeed, waa maan-gal in la dhaho "Haddii aadan ka

---

[40] Raandhiis = Raagitaan si ammin fidsan la adeegsan karo.

guulaysan karin geedka Garanwaaga, waxa fiican in lala heshiiyo oo sida ugu habboon loo taransado".

9

Dhuxulaysiga Dhulka Buuralayda ah

Dhibaato hor leh oo ku soo korodhay Jidka Buurta Sheekh

"Dulmi qabe hidhiiloow[41], muxuu dogobbo[42] moofeeyay,
Isagoo naftiisii dulmiyey, deynna lagu yeehsay,
Dantiisaba ma raacdee muxuu soo dabdacalleeyay
Goor waagu daalacay muxuu laydhka dib u eegay"[43]
                                    __ *Tixdan lama yaqaan cid tirisay.*

Dhuxulaysiga oo si baahsan dhulka Oogada ah ammin dheer uga socday ayaa u muuqda inuu ku sii baahayo dhulka buuralayda ah. Sababta ugu weynina waa hoos-u-dhaca ku yimid tiradii dhirtii ka bixi jirtay dhulkii buuralyda ka baxsanaa, keentayna in goobo cusub ay ka bilaabanto dhuxulaysigu.

Xaalufinta dhirta ee ku sii fideysa dhulka buuralayda ahi waxa ay keeni doontaa cidhib-xumo aan laga soo kaban karin oo saameyn xoog leh ku yeelan doonta nolosha dadka ku nool dhulka buuralayda iyo kuwa bannaanada ka hooseeyaba dega.

Dhibaatooyinka ka iman kara waxa ka mid ah:

• Mugga kaydinta biyaha ee buuralayda oo yaraada;

• Durdurrada faro-ku-tiriska ahi inay gudhaan;

• Heerka biyaha ceelasha iyo toggaga oo hoos u dhaca;

• Biyaha oo dhanaanku/cusbadu ku badato;

---

[41] Hidhiile: Waa qof si aan joogto ahayn uga xoogsada dhuxuleysiga oo wax-soo-saarkiisu kooban yahay, inta badanna si kelinimo ah u shaqeysta.

[42] Dogob = Qori weyn oo laga garaacay geed ama iskii u dhacay.

[43] Goor waagu daalacay muxuu leydhka dib u eegay = Muxuu dib u jalleecay jidkii uu soo mari jiray baabuurkii dhuxusha qaadi jiray, ee isla markaa u keeni jiray gasiinkii iyo weliba qaadkii uu ku welfay ama cunistiisa uu qabatimay.

- Wax-soo-saarka beeraha oo yaraada;

- Degsiimooyinka ka hooseeya buuralayda oo laga guuro ama meelo kale looga digo-rogto – fatahaadda daadadka, iyo mararka qaarkood biyo yaraan awgeed;

- Xawaaraha biyaha oo kordha iyaga oo geysta khasaare mood iyo noolba leh, sida gebiyada dooxyada oo ay biyuhu jabsadaan, iwm.

- Dabaysha qabow oo Buuraha kasoo degeysa oo geedo hakiya la waayo.

Haddaba waxa mudan in bulshada lagu baraarujiyo dhibaato hor leh oo uu dhuxulaysigu ku soo kordhiyey mid ka mid ah jidadka halbowlaha u ah dalkeenna. Qof kasta oo safar ku maraya jidka buurta Sheekh waxa uu arki karaa hawl dhuxulaysi oo baahsan oo hor leh oo ka bilaabantay buurta oo ay wadaan dad u badan reer guuraa. Arrintanna waxa dabada ka riixaya saansaanka nololeed ee xooloraacatada oo sii nuglaanaya iyo baahida tamareed ee magaalooyinka oo sii kordhaysa. Raadeynta ka dhalan karta habdhaqankani waxa ka mid ah:

- Dabar go' ku yimaadda kala-duwanaanshaha noole ee buuralayda;

- Ciid guur baaxad weyn leh;

- Daadad xoog leh: Waxa la arki doonaa in dhagxaan waaweyni wadaddada xidhaan mar kasta oo uu roob da'o, si ka badan gu'yaashii hore. Dhagaxaantaas culusi waxa ay khasaare u geystaan laamiga, iyo in ay keenaan shilal baabuurtu ku gaddoonta jidka. Sidoo kale, hakashada wadeyaasha baabuurlaydu ku hakadaan amminta ay dhuxusha iibsanayaan ayaa si la mid ah keeni karta shilal.

- Biyo-yaraan: Iyadoo la og yahay inay dhirtu suurto geliso in biyuhu dhulka hoos u galaan, kuna keydsamaan. Waxa la arki doonaa xaddiga biyaha oo ku yaraada dhulalka buurta ka hooseya.

Dhirta xididdadeedu waxay isku hayaan ciidda iyo dhagxaanta. Waxa xusid mudan dhacdo sannadkii 2006 horraantiisii ka dhacay dalka Filibiinis oo ku saabsanayd ciid-guur keenay dhimasho dad tiro badan, kaddib markii ay ciiddii buuralay ka sarreysay degsiimooyin iyo tuulooyin idili ay hoos u dhaqaaqday. Roobab laxaad leh ayaa dhaliyay arrinkaas; waxana goobahaas ku xabaalmay tuulooyin dhan iyo wixii ku nolaaba. Dadka arrimaha deegaanka aqoonta u lehi waxa ay ku fasireen in ay ka dhalatay xaalufin lagu sameeyey dhirtii buuralaydaas.

Xaalufinta dhirta buuralayda Sheekh waxa ay sidoo kale wax u dhimi kartaa quruxda dabiiciga ah iyo xiisaha dalxiis ee aagaas.

Haddada, dhammaan dadweynaha ku dhaqan deegaankaas iyo meelo kale oo la mid ah, waxa ku habboon inay iska kaashadaan ka-hor-tagga habdhaqankaas cusub ee dhibaatada weyn keeni kara. Waxa si gaar ah ay farriintani ugu socotaa Xil-sidayaasha Xukuumadda, siiba maamulka Degmada Sheekh, si ay door wax-ku-ool ah uga qaataan joojinta dhibaatadaas.

10

Dhuxulaysiga: Halis buu ku Hayaa Nolosha Soomaalida

"Meesha ay dhiri ka qiiqayso, niyadjab ayaa iiga ura hawada ku gadaaman" ___ Qoraaga

Carriga Somaaliyeed, si la mid ah dalalka kale ee adduunka ee cimiladoodu tahay qarfo-u-ekaha, waxa uu ku sii siqayay, boqolaal gu' iyo in ka badanba doorsoon taban oo dhaliyay tayodhac deegaan. Hase ahaatee, xawliga uu doorsoonkaasi ku socday ammin ku siman tobaneeyadii gu' ama dabshid ee u dambeeyey ayaa gaadhay heer aan hore loo arag inta qoraal iyo xasuus lagu hayo sooyaalka carriga Soomaaliyeed. Qaar ka mid ah raadadka muuqan kara ee is-beddelladaasi waxa ay yihiin qaawanaanta dhulka kaddib markii si xooggan loo jaray dhirtii iyo tiradii duurjoogta oo si aad ah hoos ugu dhacday.

Dhuxulaysiga, goynta tiirarka qoriga ah si loogu adeegsado dhismaha, iyo sidoo kale dhul-oodashada baahsan ayaa ah dhaqdhaqaaqyada iyo falliimooyinka (falaadda)[44] ugu doorka roon leh ee keena xaalufinta dhireed. Tamarta dhirta laga helo ayaa ah ta ugu badan ee ay reer magaalku u adeegsadaan wax-karinta iyo diirinta hoyga xilliyada qabowga ah, halka xaabada si baahsan looga adeegsado dhulka miyiga ah.

Dhirta qodaxlayda ah oo leh adeegsiyo dhaqaale iyo deegaanba ayaa laga diyaariyaa dhuxusha ugu fiican. Adeegsiga ku salaysan kala-xulashada dhirta ayaa ka yeelay geedka galoolka oo laga helo dhuxusha ugu fiican in si baahsan loo gooyo. Sidaas awgeed, xawaaraha ay ku

---

[44] Falliimooyin = Falaadyo; waxqabadyo

socoto xaalufinta dhirtu ayaa ka badatay ka-soo-kabashadii dhirta. Waxa xusid mudan in dhirta dalkeennu ay u korto si gaabis ah, in kasta oo haddana ay ku xidhan tahay xaddiga biyaha, waxana ay qaadataa 25-30 gu' si, isu celcelis ahaan, tusaale-ahaan, n geedka galoolka ahi ahaado mid soo saari kara afar jawaan oo dhuxul ah (hilaaddii 80 kg.).

Burburkii dawladdii Somaaliyeed kaddib (1991), dhoofinta dhuxusha ee dalalka Khaliijka Carabta loo dhoofinayay ayaa noqotay ganacsi xooggan. Dhuxushaas wax inteedii badnayd laga dhoofshay Puntland iyo Koonfurta/Gobollada Dhexe ee Soomaalia. Dekadaha aadka ugu caan baxay dhoofinta dhuxusha waxa ka mid ahaa Ceelaayo, Boosaaso, Ceel-Macaan, Marka, Baraawe iyo Kismaayo. Dadaal xoogan oo ay qaadeen maamulka Puntland iyo ururrada bulshadu waxa ka dhashay in la joojiyo dhoofinta dhuxusha, isla markaana laga sunto ganacsi sharci-darro ah. Qiimihii dhuxusha oo kolba ka ka dambeeya kor u sii kacayay, tiradii dhirta oo yaraatay, iyo baahida tamareed ee gudeed ee kolba xilliga ka dambeeya sii kordhaysay ayaa gacan siisay hakinta dhoofinta dhuxusha. Se Koonfurta Soomaaliya, oo colaaddu ku daba dheeraatay, waxa ay ka mid noqotay ilaha dhaqaale ee lagu huriyo, laguna joogteeyo dagaallada sokeeye. Marsooyinka koonfurta Soomaaliyana waxa ay noqdeen xarumaha ugu firfircoon ee laga dhoofiyo dhuxusha. Halkan waxa innooga iftiimi kara xidhiidhka ka dhexeeya kala-dambayn la'aanta, dawlad jileeca ama la'aanteedba, iyo dhinaca kale, baabi'inta deegaanka.

Heerka uu gaadhsiisan yahay xaalufinta dhirtu waxa lagala soo dhex bixi karaa xog ururin iyo tiro-koob uu diyaariyey 2003-dii urur bulsho saldhiggiisu ahaa Kismaayo. Gu'gaas waxa dekadda Kismaayo laga dhoofiyey dhuxul culayskeedu dhan yahay 85,970.50 tan (eeg muuqaalka tirsigiisu yahay 16). Dhuxushaas waxa loo dhoofshay dalalka Khaliijka Carabta, waxaana lagu raray 44 markab iyo 59 doonyood. {Xogtan waxa aan ka helay: Ururka KISIMA ee Nabadda iyo Horumarka}.

Qaawinta dhulka ee ka dhalatay dhuxulaysiga xad-dhaafka ah waxa ay keenaysaa cidhib-xumo deegaan, sida:

- Xoolaha oo wax ay cunaan waaya ama daaqu ku yaraado;

- Carrada oo dirri noqota iyo hayntii/keydintii biyaha ee ciidda oo yaraada;

- Cimilo-deegaaneedka (micro-climate) goobahaas oo noqda qaar aan wanaagsanayn, sida ciidda oo tayo beesha, iyo roobabka oo jartaaleeya (kala googo' ay fidsanaan xilli u dhexayso);

- Nuugitaankii dhirta ee naqaska Kaarboon-2-Ogsaydh oo yaraada – taasoo keenaysa diirranaanta arlada (global warming);

- Carro-guurka oo kordha;

- Hoos-u-dhac ku yimaadda kala-duwanaansha nooleyaasha (bio-diversity loss).

Iyada oo ay xoolo-dhaqashadu ay saldhig u tahay nolosha qayb weyn oo ka mid ah bulshada Soomaalida, isla markaana qaab-nololeedkaasi uu hago dhaqanka xoolo dhaqatada, xasuuqa joogtada ah ee dhirta lagu hayaa waxa ay noqon doontaa mid raad xun ku yeelan doonta nolosha dadka Soomaalida ah. Sidaas daraaddeed, waxa habboon in la yareeyo adeegsiga dhuxusha. Dhinaca kale, waxa lagama maarmaan ah in la xoojiyo tamaraha kale sida adeegsiga gaasta, gaska (gaas-neefeedka), tamarta cadceedda iwm.

11

Doorsoonka Cimilada

"Xumaanbaa (fasahaad) kasoo if baxday berrigii iyo baddiiba, waxa ay faleen Gacmaha dadku darteed, Markaasna Isagu (Eebbe) waxa uu qayb ka dhadhansiin doonaa (cidhib-xumada ka dhalan doonta), markaasna, Waxaa la dhowraa (laga yaabaa) inay (ka) laabtaan (oo hagaagaan)"____ Qur'aan: Ar-Ruum:41

Doorsoonka cimilada waxa aynnu ku qeexi karnaa: Cilmi la xidhiidha is-beddellada cimilo xilliyo kala duwan, iyo waxayaalaha loo malaynayo inay keenaan saansaannadaas kala duwan – ha ahaadaan qaar si dabiici ah ku yimaadda iyo/ama qaar ka dhasha dhaqdhaqaaqa iyo wax-qabadka aadamaha.

Sidoo kale, waxa jira xaalad loo yaqaanno *Global Warming* ama diirranaanta arlada oo lagu sheegi karo iyada oo uu si tartiib-tartiib ah u kordho diirranaanta cirka ku shaqlan, ama gibilka arladeenna. Saansaankan waxa kale oo loo yaqaannaa "Raadeynta Guriga Cagaaran" ama *Greenhouse Effect*. Erayga Guriga Cagaarani waxa uu inna xasuusinayaa guri-u-eeke ka sameysan muraayad ama baco iyo saab bir ah oo loogu talo galay in wax lagu beero gudihiisa, sida khudaarta iyo ubaxa – siiba dhulalka qaboobaha ah.

Farsamadan (Guriga Cagaarani) waxa ay u shaqaysaa sidan: Marka ay cadceeddu ku dhacdo muraayadda ama bacda ku shaqlan dhismaha, inta badan fallaadhaha cadceeddu toos bey uga dusaan, waxaanay diiriyaan hawada, ciidda iyo dhirta ku hoos jirta Guriga Cagaaran. Kaddib walaxahaasi waxay bixiyaan kulayl (heat), hase ahaatee hirarka kulkaasi (heat waves) oo ah qaar hirar-dhaadheer (longwaves) ku socda, loona yaqaanno hirarka *infra-red*, kama wada gudbi karaan muraayadda. Kaddibna kulaylki dib ayuu ugu noqda guriga cagaaran, kaddib waxa dhacda in uu gurigaas cagaarani diirranaado, isla markaana ay sameysanto cimilo ku habboon beerista khudaarta, ubaxa iwm.

Haddaba, si taas la mid ah, iftiinka cadceeddu (oo ku socda hirar gaaban) si fudud ayuu uga gudbaa ama u soo dhex maraa dahaadhka (gibilka) hawo ee arlada ku shaqlan. Marka uu iftiinkaasi dhulka hirdiyo, waxa uu sameeyaa kulayl, kaddibna dib ayuu u laabtaa isagoo isu beddelay shucaac ku socda hirar dhaadheer (*long wave radiation*). Qayb ka mid ah iftiinkaas waxa uu u gudbaa hawada sare, hase yeeshee intiisa badani waxa nuuga ama qabta hawooyinka ay ka mid yihiin Kaarboon-2-ogsaydh iyo qaar kale oo laga helo lakab-hawaadka ku shaqlan arladeena ee loo yaqaanno *atmosphere*. Hawooyinkaas ayaa kaddib noqda qaab "buste" oo kale, kana yeela (ka dhiga) heer-kulka arlada isu-celcelin 15ºC. Haddii se aaney jiri lahayn raadeyntan noocan oo kale ahi, qabowga arladu waxa uu celcelis ahaan hoos ugu dhici lahaa -18ºC. Haddaba biiritaanka iyo korodhka naqasyada ama neefaha cagaaran (oo uu ku jiro kaarboon-2-ogsaydh) ee cirka ayaa dhaliya waxa loo yaqaanno Diirranaanta Arlada (*global warming)* taasoo kala-dhantalid ku sameysa isu-dheelli-tirnaantii tamareed ee kawnkan aynu ku noolnahay.

Waxa arlada diiriya korodhka naqaska Kaarboon-2-ogsaydh (CO^2) iyo neefaha kale ee 'guriga cagaaran' (greenhouse gases) sida Methayn, Kaarboon-moono-ogasaydh, Koloro-fluro-kaarboons (CFCs), iyo qaar kale. Karboonkani nolosha waa uu sal, hase yeeshee korodhkiisa xad-dhaafka ah ayaa ka dhiga in arladu kululaato. Haddii se aanu jiri lahayn kaarboon-2-ogsaydh dhirtu cagaar mey noqoteen, naqaska Ogsajiintuna (O_2) ma ay sameysanteen, dadka iyo noolaha kalena ma ay noolaadeen.

Hawooyinka cirka arladeenna ku shaqlani 78% waa nitrojiin, 21% waa ogsyjiin, 0.03% waa kaarboon-2-

ogsaydh, inta kalena waa hawooyin xaddiyo yar yar ah. Isu-dheelli-tiran la'aanta ku yimaadda hawooyinkaasi waxa ay keenaan in kala-dhantaalnaani ku timaaddo habsami u socodka nolosha arlada.

Haddii aynnu soo koobno, waxyaalaha dhaliya doorsoonka cimilada waa:

a) Korodhka neefaha cagaaran ee ku sii biiraya hawada arladeenna ku shaqlan. Waxaynnu si gaar ah u tilmaami karnaa naqaska Kaarboon-2-ogsaydh oo ammin ku siman labadii boqol iyo kontonkii gu' ee tegay si aad ah u kordhay. Waxaana u sabab ah gubidda shidaallada asal-ahaan kasoo jeeda geedaha iyo xayawaannada (*fossil fuels*), kuwaasoo loo adeegsado soo saarista tamarta. Waxa sidoo kale kordhay biiritaanka uu naqaska Methayn ku biirayo hawada, oo badi ka dhasha dhaqashada lo'da, beerista bariiska iyo weliba dhulka qashinka lagu buuxiyo (*landfills*);

b) Doorsoon ku yimid qaab-adeegsiga dhulka (*land use change*): Marka sabooyinka (*ecosystems*) la dooriyo, ee dhiroonka laga xagaafo ama la gubo, waxa hawada u baxaya naqaskii Kaaboon-2-ogsaydh ee gudahooda ku keydsanaa.

Ururka dawliga ah ee u xil saaran doorsoonka cimilada (*Inter-governmental Panel for Climate Change*) waxa uu saadaalinayaa in heerkulka adduunku qarnigan aynnu ku jirno kor u kici karo inta u dhexaysa 1.4 ilaa 5.8°C. Haddii ay taasi dhacdo waxa ay keeni kartaa dhibaatooyin waaweyn oo ay ka mid yihiin:

- Barafka dacallada arlada ee waqooyi iyo koonfureed oo milma oo ay ka dhalato in naqaska Methayn ee ku xeraysani uu hawada u baxo, qayb weynna ka qaato kordhinta neefaha cagaaran (greenhouse gases);

- Xeebaha aadka u godan iyo arlo-yarooyinka (gasiiradaha) oo ay biyuhu kor maraan. Dalalka aad loo hadal hayo ee u ban dhigan halistan waxa ka mid ah *The Netherlands, Bangladesh*, iyo arlo-yarooyinka ay ka mid yihiin *Cook Islands, Maldives, Marshall Islands* iyo qaar keleba;

- Xaalado cimilo oo lagu sifeyn karo xagjirnimo (*extreme weather conditions*) sida duufaanno iyo daadad, abaaro, heer-kulka oo kordha, gubashada keymaha oo korodha iwm;

- Dhimashada shacaabiga (*coral bleaching*) badda oo ay sababto in walaxaha uu ku noolyahay (*Algae*) oo uu kulaylku eryo ama firdhiyo. *Algae*-gu cuntada ayuu siiyaa shacaabiga. Haddii shacaabigu dhinto, waxa si xun u raadeysmaya nooleha kala geddisan ee badaha;

- Cuduro aan hore loo aqoon oo saameeya caafimaadka dadka, xoolaha iyo fayoqabka dalagyada beeraha;

- In uu idlaado lakabka *Ozone Layer* lagu magacaabo ee ka mid ah cirka ku shaqlan arladeenna – kaasoo Eebbe (sarree oo korreeye) uu ugu talo galay inuu nooleha ka ilaaliyo fallaadha cadceedeed ee halista ah ee lagu magacaabo *Ultra-violet Rays*;

- Dhimashada nooleyaal badan (xayawaan iyo dhir-ba).

Raadeynta Doorsoonka Cimilada ee Dhulkeenna

Waxa durba jira tilmaamo muujinaaya in uu doorsoon cimilo ka jiro dhulkeenna. Dhowr tusaale ayaynu halkan ku soo qaadaneynaa:

- Waxa jira heer-kulka dhulka jooggiisu sarreeyo ee dalkeenna – sida Hargeysa, Burao, Borama iyo magaalooyin kale marka la barbar dhigo gu'yaal hore oo kordhay. Sidoo kale, waxa jirta in adeegsigii erayada Afsomaaliga ah ee la xidhiidha dhaxanta oo sii yaraanaya sida, Gabadano, Gawre iyo Juube. Suuqa maryaha dhaxanta ee gacanta labaad ah, loona yaqaanno "huu-dhayd" oo hoos u dhacay ayaa isna muujin kara doorsoonka cimilada;

- Ceeryaantii dhulka buuralayda lagu arki jiray oo yaraatay, dhalisayna in dhirta ceeryaanta ku tamarisa (*mist forests*), sida geedka Dayibka (*Juniperus procera*) ay qunyar-qunyar u dhintaan;

- Deegaan-dhireedkii (*vegetation zones*) kala duwanaa ee dhulkeenna ayaa u muuqda in wax badani iska beddelayaan, iyada oo la arki karo dhir hore ula qabsatay deegaan-dhireed gaar ah oo aan u tamarinaynin sidii waayo (xilliyo) hore, mararka qaarna la arko iyaga oo hore u dhimanaya;

- Waxa kale oo la arkaa cimilo aan isku hallayn lahayn: Mar waa abaaro ba'an, marna waa roob xaddi badan oo duufaanno wata, khasaare badanna geysta.

Darandoorriyaaba naasnaasi dabadeed

Saamiga ugu badan ee soo saarka neefaha cagaaran ee arlada kululeeya waxa ka geysta dalalka hore-u-maray ee warshadaha leh. Dhibta ugu badanina cidda ay soo gaadhaysaa waa dadyowga ku nool dalalka soo koraya. Taasi se innagama leexinayso xilka wadareed ee inna saaran, oo ah inaynnu ku baraarugno runta biyo-kama-dhibcaanka ah ee ah, haddii arlada waxyeello aan kasoo kabasho lahayn loo geysto in in le'eg aynnu innaguna ku dhibtoon doonno. Ma jirto meel kale oo loo cararaa. Waxa la joogaa ammintii aynnu garwaaqsan lahayn cidhib-xumada ka dhalan karta wax-qabadyadeenna taban ee ku aaddan deegaanka, isla markaana aynnu hakad ku sameyn dhaawacidda arladeenna – haddii aynu rabno inaynnu ka badbaadno dhibaatooyin culculsus oo saamayn ku yeelan doona jiraalkeenna iyo joogitaankeenna arlada.

Sidee loo maareyn karaa doorsoonka cimilada?

Si loo maareeyo doorsoonka cimilada, waxa la dhaqan geliyaa laba hawlood oo xidhiidh leh:

La-jaan-qaadka doorsoonka cimilada (*adaptation*): Waxana loola jeedaa in dadka iyo noolaha kale isu habeeyaan la-noolaanshaha raadaynta doorsoonka cimilada. Taasoo looga golleeyahay in ay yaraadaan saamaynta ama dhibaatada ka dhalan karta, dhinaca kalena laga faa'iideysan karo wixii fursado ah ee uu la iman karo doorsoonka cimilo.

Yareynta dhibaatada doorsoonka cimilada (*mitigation*): Waa isku-dey looga golleeyahay in lagu dhimo xaddiga neefaha cagaaran ee ku biiraya hawada ku shaqlan arladeenna. Waxana loo mari karaa laba dow (waddo):

b) In la yareeyo naqasyada cimilada diiriya (sida kaarboon-2-ogsaydh) ee ka baxa warshadaha, baabuurta, dhirta la jarayo ama la gubo iwm;

t) In naqasyadaas laga nuugo/laga saaro hawada. Sida uga maangalsanina waa dhirta oo aad loo beero. Sidoo kale, beryahan dambe, waxa ay shirkadaha qaarkood adeegsadaan qaab dhulka gudahiisa lagu xareeyo naqasyada guriga cagaaran (*greenhouse gases*).

Ugu dambayn, siyaabaha lagaga hor tegi karo halista doorsoonka cimilada waxa ka mid ah kuwan:

✓ Dejin shuruuc caalami ah iyo qaar dalalku gaar-gaar u lee yihiin oo ku saabsan ilaalinta deegaanka;

✓ Ku-dhaqan shuruuceed (*compliance*), ku-dirqi (*enforcement*) iyo dhibaataynta deegaanka in ay mas'uuliyaddeeda xambaarato cidda ku xad gudubtaa (*environmental liability*);

✓ Adeegsiga farsamooyin iyo tamaro cusub oo deegaanka aan dhib u soo jiidayn;

✓ Talo-ka-gaadhista arrin kasta oo saameyn taban ku yeelan kara cimilada in ay hoggaamiso danta ilaalinta deegaanku;

✓ Ka hor-tagga wixii dhibaataynaya deegaanka, haddii ay se dhacdo in degdeg iyo si firfircooni ku jirto wax looga qabto, iyo in dawladuhu ay mudnaan sare siiyaan arrimaha deegaanka;

✓ Wacyigelin iyo wax-barasho deegaan oo looga jeedo in mugga waxqabad ee bulshooyinka iyo dhinacyada kale ee ay khuseyso la xoojiyo;

✓ Is-kaashi ay yeeshaaan dhammaan daneeyeyaasha deegaanku si loo helo timaaddo (mustaqbal) fiican oo leh khayraad joogteysan.

12

Seeraha Xannaanada Duurjoogta ee Al-Warba oo Hoy u Noqotay Ugaadh Soomaaliyeed

"Haddii uu qof dilo libaax, waxa falkaas loo aqoonsadaa geesinimo; haddii se libaax qof cuno, waxa loogu yeedhaa fal bahalnimo". ___ (lama yaqaan cid tidhi)

"Mulac diliddii caruur waa u ciyaayir, isagana waa ku qudhgooyo". __ Maahmaah Soomaaliyeed

Seeraha Xannaaneynta Duurjoogta ee *Al-Wabra Wildlife Preservation* waa dooxo cagaaran, oo ay ku yaalliin dhirta geed-timireedku, isla markaana ay ku dhaqan yihiin duurjoog ay qaarkood dhif adduunka ku yihiin. Seerahani waxa uu ku yaallaa badhtamaha dalka Qadar. Sida ku qoran barta internetka ee Al-Wabra, waxa barnaamajkan hawl geliyey Sheikh Sacuud Bin Maxamed Bin Cali Al-Thani oo daneeya arrimaha deegaanka iyo koox farsamo-yaqaanno ah oo caalami ah – kuwaasoo isku howla ilaalinta iyo xannaaneynta duurjoogta adduunka dhifka (naadir) ku ah.

Duurjoogta ku dhaqan seeraha oo tiro hilaadin ah dhan 2500, waxa ku jira qaar aad loogu halis geliyey deegaamadoodii hore oo qarka u saaran inay dabar go'aan. Qaar ka mid ah kuwaasna waxa laga soo qabqabtay Geeska Africa, siiba carriga Soomaalida. Waxa ka mid ah kuwaas Gumburiga {*Equus africanus somaliensis*}, Beyrac (*Dorcatragus megalotis*), Dibtaag (*Ammodorcas clarkei*), Siig (*Alcelaphus buselaphus swaynei*) iyo qaar kale.

Waxa xusid mudan in Amiirkan reer Qadar, Sheekh Sacuud, iyo koox uu watay oo ku xeel-dheer arrimaha duurjoogta ay socdaal ku yimaadden Somaliland badhtamihii 1995kii, iyaga oo ogolaansho ka helay xukuumaddii xilligaas jirtay. Sida wararku sheegeen, ujeeddadoodu waxa ay ahayd inay qabsadaan ugaadh, isla markaana u daad-gureeyaan Seeraha AWWP. Waxa ay kooxdaasi adeegsanayeen qalab aad u horumarsan (casri ah) oo ay ku jiraan diyaaradaha qummaatiga u haada oo lagu qabqabanaayay ugaadha. Waxaanay ku guulaysteen inay tiro duurjoog ah gacanta ku dhigaan. Si kastaba arrintu ha u dhacde, waxa muuqatay in ulajeeddadii socdaalkooda uu bulshada ka dhex dhaliyay is-maan-dhaaf dhinacyo badani ku hirdamayeen oo ay ka mid ahaayeen Siyaasiyiin, deegaan jireyaal iyo hoggaamiye-dhaqameedyo. Waxaana ka dhashay dood iyo muran la xidhiidha arrimaha deegaanka oo heer qaran ah, iyo weliba bulshooyinkii degmooyinka Oodweine iyo Caynabo oo arrinkaas kacdoon ka sameeyey. Waxa lagu eedeeyey kooxdii uu Amiirku watay inay dabato ugaadh-boob ah ahaayeen, arrintiina waxa ay ku dhammaatay gacan-ka-hadal dhiig ku daatay iyo in hawl-galkii la joojiyo.

Dhinaca kale, Amiirkii reer Qadar wuu iska deedafeeyey eedaymahaas, waxaanuu sheegay in ulajeeddadiisu ahayd ilaalin iyo badbaadin ee aan sinaba loogu sifeyn karin dabatonimo iyo ugaadh-boob. Sida lagu tebiyey war-baahiyaha BBC-da (31.3.1995), kulan dhexmaray Amiirkaas iyo Madaxweynihii hore, Maxamed Ibrahim Cigaal (Eebbe ha u naxariisto e), waxa uu ballan qaaday Amiirku waxyaabo ay ka mid ahaayeen ceelal dhaadheer oo dalka laga qodo oo uu weydaarsan doono duurjoogtaas.

Warbixin lagu faafiyey bogga Seeraha Al-Wabra waxa ay sheegaysaa in ugaadhii laga raray dalka 1995kii ay ku tarmeen meeshaas. Waana ka ayaan roon yihiin kuwii ay gadaashooda kaga tegeen, iyaga oo ka nabad galay cabsidii, cidhiidhyoonkii iyo ugaadhsigii lagu hayay. Ha yeeshee waxa ay runtu tahay in degaankii ay kasoo jeedeen yahay ka ugu habboon, cimilo-ahaan, in ay ku noolaadaan. Lamana fogeysan karo suurto-galnimada in qaar ka mid ah duurjoogtaas (siiba kuwa la filayo in ay ka dabar go'een carrigeenna sida Gumburiga, Biciidka iyo

Siigga) lagu soo celin doono deegaannadoodii, marka ay suurtogal ka noqoto in carrigeenna laga heli karo sabooyin ay si nabad ah ugu tarmaan, uguna noolaadaan.

Fiiro gaar ah: Kor waxa aynnu ku soo xusnay mid ka mid ah qooblayda oo ah Siig, kana dabar go'ay carriga Soomaalida. Waxa uu ka mid ahaa ugaadha carrigeenna. Xasuusta keli ah ee ka hadhayna waa doox ku yaal Cadaadley oo magaca Siig loo yaqaan, iyo in uu suugaanta qaar ku jiro, sida tuducan laga hayo Cali Jaamac Haabiil in uu faraskiisii u tiriyay:

> Haddaanan dhebi qaadhay
> Dhag intaan kugu siiyo
> Dhuunta kaaga aroorin
> Haddaanan bir la dhaabey
> Afka kuugu dhammaynnoo
> Dhareer kaa tifiq laynin
> Dhabbo geel ka carraabay
> **Haddaan Siig dhitinaayiyo**
> **Lagu moodin dhurwaa.**

Iyo Gabaygii Ina Cabdulle Xasan

> Eebbow boqoolaannu nahay, aniyo Booddeyse
> Eebbow Burciyo Looyo waa, beled amxaaraade
> Eebbow barqaan mari karaa, Beeratiyo **Siige**

13

Dhimashada Geed-Weynta Xeebaha

"Arlada kama aynnu dhaxlin awoowyaasheen e, waxaynu
ka ergisannay (amaaneysannay) caruurteenna" ____
Mahatma Gandhi

Gu'yaal hore, waxa ay bulshada xeebaha waqooyi, siiba
Berbera, si xoog leh aad u hadal hayn jireen qallalka iyo
dhimashada dhirta Qudhaca (*Acacia tortilis*) iyo Kulanka
(*Balanities sp.*) ee ka baxda dhul-xeebeedka Gubanka. Si
aad u halacsato aafadan deegaan, waxa aad u baahan
tahay oo qudha inaad eegto hareeraha waddada dhinaca
Hargeysa uga baxda Berbera, meel u dhow barta
kantaroolka. Halkaas waxaad ku arki kartaa boqolaal dhir
qudhac ah oo yar yar oo dhimatay oo jirridihii iyo
laamihiiba ay hawaarsadeen ciidda korkeeda.

Qoraal ku soo baxay Wargeyska Haatuf (Tirsigii 1497, 6dii
Ogost, 2007) ayaa ku suntanaa cinwaanka "*Dhimashada
Geed-weynta Xeebaha Duleedka Berbera waa Mushkilad u
Baahan in Jawaab loo Helo*".

Qoraalkaasi waxa uu soo ban dhigay werwerka ay
muujiyeen qaar ka mid ah bulshada reer Berbera iyo
weliba reer-guuraaga ku dhaqan aaggaas. Mid ka mid ah
xoolodhaqata aaggaas ku nool ayaa yidhi sidan:

"Abaar kasta oo ka dhacday xeebahan, weli lama arag
dhimashadan dhirta ee jaadkan oo kale. Waxa aad
arkeysaa geedkii bishii hore qoyanaa oo isku hawaarsaday
oo maalmo ku qallalaya. Waa dhacdo la-yaab leh,
waanaannu la amankaagsannahay waxa loo soo diray
dhirtan. Xitaa xaabo ka hadhi mayso, oo waxa ay laamaha
engegani ku burburayaan cadaadiska kabta!"

Dadka ka tirsan bulshada reer Berbera oo arrinkan laga
wareystay waxa ay dhimashada xaddigan le'eg ee dhirtaas
sabab uga dhigeen hadhaadigii kiimikada ahaa ee agabkii
gantaalaha cirka iyo badda ee uu duleedka Berbera ku
aasay Midowgii Sofiyati, kaas oo saldhigyo ciidan ka
aasaasay waqtigii uu jiray loolankii la magac baxay

dagaalkii qaboobaa ee u dhaxeeyey bahwadaagta WARSAW iyo NATO. Agabkaas oo si aan ka digtoonaansho lahayn loogu qubay deegaankaasi, gaar ahaan saliidihii kala duwanaa ee gantaalaha SAM2 iyo SAM3 – kuwaas oo loo adeegsan jiray shidaal riixa gantaalaha, oo ay ka daadiyeen dad aan aqoon u lahayni, iyagoo doonayay inay qaataan weelka ay ku jireen shidaalladaasi.

Haddaba in kasta oo arrinkani u baahan yahay baadhitaan qoto dheer, waxa uu qoraaga buuggani qabaa in waxyaabaha dhaliyay dhimashada dhirtani ka duwanaan karaan dareenkaas hore ee ay ka bixiyeen bulshadu. Maxaa yeelay:

a. Dhimashada baahsan ee dhirtani (Qudhaca iyo Kulanka) kuma koobna keliya agagaarka Berbera, se waxa uu ka jiraa dhul ku siman Bullaxaar oo hilaaddii 60 km. galbeed ka xigta Berbera.

b. Haddii kiimikooyin qubtay ahaan lahaayeen waxa keenay dhibaatadan, waxa la is-weyddiin karaa: Maxay sidoo kale ugu saamaysmi waayeen dadka iyo xoolaha ku nool ama ku dhaqan aaggaasi.

c. Intooda badan, dhirta ay aafadani haleeshay waxa ay ku yaalliin liid dhul ah oo aan ka fogayn badda se bari iyo galbeed u dhereran.

Sababtu waxa ay u dhowdahay cimilada mase aha Kiimiko

Arrintani iyo waxyaabaha horseeday dhimashadan xad-dhaafka ah ee dhirtani, sida uu qabo qoraagani, wey ka duwanaan kartaa dareenka kor ku xusan. Taas uma jeedo kiimikadani dhibaato ma laha, ha yeeshee, sida aan qabo, saameyn intaas le'eg ma ay keenteen.

Waxa aan maragfur u soo qaadanayaa muuqaal la mid ah kan ka jira agagaarka Berbera oo si la mid ah lagu arkay xeebta Bullaxaar. Berbera iyo Bullaxaarna waxay isu jiraan 60 km. oo aan odhan karo wey ka fogtahay meesha ay saameynta suntaasi gaadhi lahayd. Waxaan kale oon ogaaday in aafadani ku habsatay liid ama dhul ballaciisu yahay hilaaddii 10 km oo ku dhereran badda – bari ilaa galbeed.

Waxa dhimashada dhirtan tirada badan ee xeebaheenna lala xidhiidhin karaa doorsoonka cimilada. Meelo badan oo adduunka ka mid ah oo ay xaaladdan oo kale la soo deristay waxa baadhitaankoodu kusoo biyo-shubmay doorsoonka cimilada.

Arrin badhitaar u noqon karaa saansaankan waxa laga heli karaa buuralayda Golis ee koonfur kaga beegan Berbera. Qofka soo mara buuralayda Golis, siiba Gacan Libaax ilaa Marso, waxa uu arki karaa in dhimashada dhirta Dayibka ahi ay aad u korodhay 30kii gu' ee u dambeysay. Taasna waxa si toos ah loola xidhiidhiyaa ceeryaantii iyo roobkii oo yaraaday kaddib markii ay cimiladi kululaatay.

Marka heer-kulka cimiladu kor u kaco, si ka daran sida uu hore u ahaan jiray, dhirta waxa lasoo derista xaalad diiqadeed (*stress*) ama cidhiiyow. Heer-kulka oo kordhaa waxa uu keenaa in baahida biyood ee dhirtu ay iyana korodho. Sida uu dhididka jidhkeennu u kordho marka ay hawadu kululaato ayaa dhirtuna ay biyaha caleenta kasii deysaa. Markaa haddii biyahaas ka baxay la waayo wax beddela, waxa dhalanaysa xaaladdaas walbahaar. Xaaladdaas diiqadeed waxa ay dhirta u nuglaysaa xanuunnada iyo cayayaanka uu ka mid yahay xarka oo dedejiya dhimashadooda. Dhirtuna markaas xaabo ma yeelato oo waxay noqotaa dumaa (xorshasho) – sidaa uu hore u sheegay odayga reer-guuraaga ahi.

Waa ay muuqan kartaa dhibaatooyinka isugu jira qaar deegaan iyo dhaqan-dhaqaale ee ka dhalan kara dhimashada dhirtaas iyo sida ay nolosha dadka u saameyn karto.

Arrintan maareynteedu waa adag tahay, maxaa wacey, xalku keligeen gacanta innooguma jiro. Arrinkanina waa uun tilmaame muujinaya in dhibaato ka weyni innagu soo fool leedahay. Waxana ay tahay arladeennii oo xuurtoon ah, waxaana jiri kara dhiillooyin kale oo muujin kara dhimasho iyo tirtiran nooleyaal kale oo aan hore loo dhaadeyn, jibidh[45] yaryaraantooda awgeed – kuwaas oo hareeraheenna ka buuxa. Arrimahanina waxa ay u baahan yihiin in si qoto dheer loogu dhug yeesho, wax badanna laga ogaado waxyaabaha keenaya.   Maxaa wacey, ogaanshiiyaha ama garashada dhibaato jirtaa, waxa ay tahay maaraynteeda badhkeed.

---

[45] Jibidh ama Jimidh = qaro, sar ama "xajmi"

14

Qofka Geed Beeraa, Abdo (yididiilo) ayuu Beeraa

Haddii Saacaddu (Maalinta Qiyaame) ay timaaddo, oo mid idinka mid ahi ku hayo gacantiisa geed-abqaal; oo uu ogsoon yahay in uu beeri karo intaanay dhicin ama iman Saacadda Qiyaamuhu, ha beero, waayo sidaas abaal-marin baa ugu jirta."_____ *Xadhiith Nabawi ah*

Waxa laga hayaa Lucy Larcom, oo ahayd gabayaa, bare iyo tifatire Maraykan ah, oo nooleyd qarnigii 1800[aad]) maahmaahdan: *"Qofka Geed Beeraa, Abdo (yididiilo) ayuu Beeraa"*. Maahmaahdan ayaan is-dul-taagay, waxanaan garwaaqsaday murtida weyn ee ay xambaarsan tahay. Geed-beeristu qofka waxa ay si dadban ugu xidhaa timaaddo dhow iyo mid dheerba, waxaanay tahay wax-qabad abaal-marin weyn oo la hubo leh.

Dhir-beeristu waxa ay u dhigan tahay abaal-marin aan gudhin oo isa soo cusboonaysiisa. Xadiith laga soo weriyey Nebigeenna Suubban (naxariisi iyo nabadgeliyo korkiisa ha ahaatee - NNKHA) ayaa sidan u dhigan:

"Ma jiro mid ka mid ah Rumeeyeyaasha (Mu'miniinta) oo geed beera, ama iniin beera, oo ay kaddibna (wixii kasoo baxay) cunaan shimbir, ama dad, ama xayawaan, oo aan falkaas loo aqoonsanaanayn bixin samafal (oo abaal-marin weyni ku jirto)". {Al-Bukhari, III: 513}.

Qofka geed beeraya waxa uu sidoo kale qudhiisa (naftiisa) ku beeraa kaadkaadshiiyo (samir) iyada oo ammin dheeri u dhexayso beeristiisa iyo taabba-galnimadiisa. Marka uu qof go'aansado inuu geed beero, waxa uu ogsoonaan doonaa inuu wax-sii-dhigasho (keyd) samaysanaayo, taasoo la barbar dhigi karo adoogyadu (waalidiintu) yididiilada iyo abdada (rajada) ay ka qabaan ubadkooda - taasoo ah inay tabantaabo iyo daryeel iyaga ka helaan marka ay duqoobaan. Adoogyadu, markaa, waxa ay ku dadaalaan in ay hubiyaan inay daboolaan (ku fillaadaan) baahiyaha jidheed, qudheed (nafeed) iyo tan ruuxeed ee ubadkooda.

Sidii ilme (wiil ama gabadh) wanaagsan oo kale, geedkuna marnaba ma noqdo abaal-ka-dare (abaal-laawe).   Tani waxa ay i xasuusinaysaa hadal uu igu yidhi oday bar-laawe ah oo kasoo bara kacay dhulka webiyada koonfurta Soomaaliya – kaas oo aan Hargeysa kula kulmay. Waxa baradiisii iyo beertiisii kasoo bara kiciyey dagaallada sokeeye 1990aadkii. Waxa uu yidhi, isaga oo waxtarka dhirta laga helo ka warramaya:

"Geed cambe ah oo 50 gu' jiray ayaan anigu cid walba kaga kalsoonaa, ka hor intii aan la iga soo bara kicin meeshaas. Haddii aad ilmo koriso, laga yaabaa inuu kaa dhaqaajiyo (kaa tago), balse geedka cambe lafka ah ee aad beertaa, wuu kula joogi uun. Waan hoos jiifsan jiray, oo sugi jiri ama dhowri jiray midhihiisa igu soo dul dhaca, kaddibna tuugsan jiray, tiigsan jiray, ka gadaalna cunina jiray."

Waa sidaas e! beerista geed waxa ay u dhigantaa yidhidiilo la beerayo. Xilligii 1991-kii, waxa aan kasoo laabtay xero qaxooti ku taal bariga Itoobiya. Magaalada Hargeysina waxa ay ahayd meel dagaalkii si xun u burburiyey, oo aad moodaysay inay quruumo aan la arkayni degganaayeen. Marka aad eegto guryaha burbursan, ee daaqadaha, irridaha iyo dedka la' waxa lagu masayn karayay sidii gashaanti la qaawiyey, la bah-dilay lana kufsaday. Haddaba, waxaan dhex socon jiray waddooyinka iyo dhismayaasha burbursan, aniga oo xambaarsan wadne tiiraanyaysan. Deeto maalin maalmaha ka mid ah, sidii aan u socday, ayuun baan isha ku dhuftay geed-ubaxeedka loo yaqaan *boungavillea* oo si qab-weyni ku jirto ka dhex muuqda guri burbursan. Ubaxiisii guduudka ahaa waxa uu iila muuqdey inuu la jaan qaadsan yahay dhiigbaxii ballaadhnaa ee magaalada ka dhacey.   Farriinta uu ubaxaasi gudbinaayay waxa ay ahayd mid cad oo la garan ogyahay. Waxa uu ahaa muuqaal maanka ii dejiyey oo baroordiiq xambaarsan; maalintaas oo dhanna waxa i gashay firfircooni iyo raynrayn gudeed. Waayaha adag waxa daba cidhbin doona fudeyd. " *Inna macal cusri yusran*"[46]. Hargeysa iyo dadkeeduba wey guulaysan! Laga bilaabo maalintaas aniga iyo geed-ubaxeedka *boungavillea* xidhiidh soke ama hoose, oo aanan erayo ku faahfaahin karaynin ayaa na dhex maray.

Gebogebo: Waxa aan ammaan u hayaa bulshada magaalada Gebilay oo dhir-beerista ulajeeddo kale u samaysay. Waxa la sheegaa in lammaanihii kasta ee Gebilay isku guursadaaba ay iskood isu diraan inay geed ku beeraan jidka u dhexeeya Gebilay iyo Arabsiyo. Sidaas daraadeedna waxa ay sugeen (xaqiijiyeen) xidhiidhka ka dhexeeya dhirbeerista iyo ubadbeerista. Lammaana qaarkood geedka ay beeraan waxa ay ka dhigteen tilmaame ama oddorose wax uga binnixiya kolba heerkooda kalgacal sida uu yahay. Haddii ay arkaan geedkii oo basharuursan sida, isaga oo dhegaha laabtay, caleentiina cagaarkii ahayd cawllaan isu doorisay, waxa ay dareemayeen in wax ka si noqon karo jacaylkooda. Werwerka uu arrinkaasi ku beero ayaana ku xambaara in ay geedka wax kula daalaan, hadday tahay waraabin, baaqbaaq, iyo oodid.

---

[46] (Qur'aanka kariimka ah: *SuuraddaAl- Inshiraah* 94)

15

Hoos-u-dhaca Ceeryaamada Buurta Gacan Libaax: Sababo iyo Saameyn[47]

"Ceeryaanta doogga ayaa qaban jiray, hoosna wey ugu degi jirtay, iyada oo dhuubabka doogga nafaqeyn jirtay, deeto ciidda geli jirtay. Ceeryaantu waxay nagu gedaannaan jirtay laga bilaabo Salaadda Casar ilaa barqada dheer ee maalinta xigta. Waxaannu u niqiinnay **Hayays**, maxaa yeelay, si aan kala go' lahayn ayay noo heyn jirtay ama noogu da'i jirtay. Carrada ayay qoyn jirtay, dhiroonka iyo dooggana wey soo noolayn jirtay – xilli aannu baahi aad ah u qabi jirnay wax qoyan oo ay xooluhu afka saaraan"

_____**Xalwo Cige**, hooyada qoraaga, oo nolosheedii hore inteedii badnayd ku qaadatay Buurta Gacan Libaax

1. Hordhac

1.1. Xaaladda juquraafi iyo deegaan

Goobtu waa Buurta Gacan Libaax (10^0N, 45^0E) waxayna ku taal badhtamaha Somaliland. Buurtu waxa ay badda ka sarreysaa joog dhan 1,718.9 mitir, waxaanay qayb ka tahay taxane buureed oo barbar socda badda Khaliijka Cadmeed.

Goobtu waxay caan ku tahay keymaha Dayibka iyo dhiroon kale, oo laga helo meelaha joogga sare leh ee ay isku cimilo yihiin. Hase ahaatee, C.V. Hemming (1966)[48] waxa uu dhirta Dayibka ah ee Gacan Libaax u aqoonsaday

---

[47] Qoraalkan waxa aan kasoo gaabshay aqoonbaadhis aan diyaariyey 2007kii oo ku suntanayd *Climate Change Stole our Mist* (Qoraaga)

[48] C.F.Hemming, The vegetation of the Northern Region of Somali Republic (1966)

inay yihiin hadhaadhi kasoo jeeda xilliyo hore oo uu roobku inta dhowaalahan ka badnaa. Sidoo kale, haddii aynnu u noqonno qoraalkii Miskell (2000), oo lagu tilmaami karo sahaminta deegaan (ecological assessment) ee ugu sooyaal dambeysay, waxa uu qoray sidan:

"Buurtu waxa ay heshaa ceeryaamo ka dhalata hawada xeebta (ee badda kasoo kacda) marka ay buurta kor timaaddo. Ceeryaantaasi waxa ay gacan siisaa inay kaabto nolosha qaybo ka mid ah keymaha, si cuffanna u dhex gasho, isla markaana suurto geliso nidaam isu-dheelli-tiran oo is-kaabaya. Haddii la tayo rido (tayo-dhac ku yimaaddo) keymahaas, isku-xidhkaas nololeed ee isu dheelli-tirani wuu kala go'ayaa..."

Dhirta kale ee xilli kasta caleemaysan ee la deriska ah Dayibka waxa ka mid ah Dhosoqa[49] (*Buxus hilderbrandtii*), Xasaadinka (*Euphorbia grandis*), Wegerka[50] (*Olea subtrinervata Chiov*), Berdaha (*Fiscus sp.*), Maayeer (*Euclea schimperi*), Salalmac (*Cadia purpurea*), Shooy (*Sideroxylon buxifolium*), Waabay[51] (*Acokanthera schimperi*), Xayramad (*Dodonea viscosa*), iyo Mooli[52] (*Draceana schizantha*). Geedkan ugu dambeeyaa waxa lagu arki karaa uun jarka isaga oo ka laalaada, taasina waxa ay tilmaan u tahay in jiritaankiisu halis ku jiro. Qaar ka mid ah dhirta soo-galowtiga ah ee shaqaalihii Ingiriis ku tijaabiyeen xilliyadii 1950-eeyadii waxay ahaayeen Geedka Masiixiyiinta (Christmas Tree} {*Cupresses sp.*), Simafooliya (*Acacia cyanophylla*) iyo Showri (*Casuarina equisetifolia*). Xilliyadii ka

---

[49] Dhosoqa xooluhu ma daaqaan, waxa se qorigiisa laga sameeyaa fandhaallada iyo qalab kale

[50] Weger: Waa geedka laga sameeyo qoriwegerka ay dadku rumeysan yihiin inuu isha (cawrida) badbaadin u yahay, waxaana badi adeegsada ummulaha.

[51] Waabay ama Waabaa: Waa geed xooluhu caleentiisa cunaan. Xididkiisa se waxa laga diyaarin jiray mariidka (ama waabee-yada) leebka (falaadha) la marin jiray oo la xaqiijiyay inay dhimasho keeni karto.

[52] Mooli: Waxa laga diyaarin jiray qabaallada xoolaha cusbada ama carrada lagu siiyo iyo weel kale

dambeeyeyna waxa lagu kordhiyey Baxra saaf, kaasoo aan bixitaankiisa buurta korkeedu firfircooneyn.

1.2. Arrimaha dhaqan-dhaqaale

Xilliyo hore, qaabnololeedka keliya ee ka jiray degaankaasi waxa uu ahaa xooloraacasho/dhaqasho – taasoo ay dadku xoolahooda (lo', geel iyo adhi) xilliba meel ula guuri jireen, iyada oo uu guurguurkaasi ku salaysanaa daaqa, biyaha iyo cimilada. Hase ahaatee, soddonkii dabshib ee laga soo gudbey, waxa dhacay doorsoon ku yimid qaab-adeegsida dhulka, taasoo noloshii guuguurka joogtada ah ku salaysnayd ay si tartiibtartiib ah isugu beddelayso nolol negaadi ah iyo isku-dhafidda reer-guuraanimada iyo beeralaynimada (*agro-pastoralism*). Dadku waxa ay ka beertaan degaankan waxa ugu mudnaan jiray hadhuudhka iyo gallayda. Beerista qaadka (*Catha edulis)* ayaa isna dadka qaar qabatimeen si ay dhaqaale uga sameeyaan, waxana badi cuna ragga oo ku walfa.

Tirada dadka ku nool buurta iyo agagaarkeeda, marka lagu daro tuulooyinka waa ilaa 3,000 qoys (oo midkiiba celcelis ahaan yahay 7 ruux), boqolkiibana 53% ay haween yihiin. Tuulooyinka ka ag dhow buurta Gacan Libaax waxa ka mid ah Go'da weyn, Go'da yar, Isku dar iyo Biyo-fadhiisinka oo ay bulshadu ka adeegato.

Dooxada u dhexaysa labada Go'ood (Go'da weyn iyo Go'da yar), wey ciid san tahay, waxaanay bulshadu ku beerataa hadhuudh, gallay, digir iyo cawska oo si baahsan uga baxa. Kan dambe (cawska) waxa loo raraa Berbera, waxaana laga iibiyaa ganacsatada xoolaha dhoofisa. Jaad (nooc) xig ah (*Agave sisalana)* oo soo galowti ah ayaa lixdameeyadii qarnigii hore lagu beeray, waxaana badi loo adeegsadaa ood nool. Sidoo kale, dumarka ayaa caleentiisa ama "dhegahiisa" ka sameeya xadhko, dakhlina wey ka helaan. Geedkiiba hal tiir oo dheer ayaa badhtanka ka baxa, waxaana loo adeegsadaa dhis.ka

Hoos-u-dhaca tirada xoolaha nool iyo wax-soo-saarkoodaba oo ay sababeen daryeel la'aanta deegaanka, xaalufin iyo nabaadguur, kala oodashada dhulkii bannaanaan jiray, iyo weliba hoos-u-dhaca ku yimid ceeryaamadii iyo roobkii, waxaas oo dhammi waxa ay bulshada ku keeneen nuglaansho dhaqaale iyo nolol tayadeedu hoos u sii socoto. Tani waxa ay horseedday in qaar badan oo ka mid ah xoolo-raacadatii xoolihii ka dhaqaaqaan, magaalooyinkana ku xeroodaan, halkaas oo ay ku biiraan bar-laaweyaasha benderka (magaalooyinka) jooga, shaqo la'aantii iyo cidhiidhigii magaalooyinka, halka ay qaar kale naf bideen, una iisheen, dhuxulaysiga si ay nolol uga raadsadaan. Muuqaalkan oo kale, ama mid ku dhowdhow ayaa ka jira degaannada kale ee dalka.

3. Raadeynta doorsoonka cimilo: mid hadda joogta iyo mid la fili karoba

3.1. Qoyaanka iyo kulka (*precipitation and temperatures*)

Sida ay qabaan xubno ka mid ah bulshada degaankani, raadaynta doorsoonka cimilo ee la soo deristay xilliyadan dambe, waxa ay si fiican uga muuqataa buurta iyo hareeraheeda. Doorsoonnada la arki/dareemi ogyahay waxa ka mid ah hoos-u-dhaca ceeryaamadii buurta dul hogan jirtay jiilaal kasta muddo aan ka yareyn afar bilood (Noofambar ilaa Feebaweri). Maqnaanishiiyaha Jiibaanta[53] (eeg sawirka tirsigiisu yahay 7) oo ka laalaadi jirtay dhirta Dayibka waxa ay muujinaysaa inaanu jirin qoyaan ku filan oo dhirta ceeryaanlayda ah kaaba baahidooda biyood. Xilliyadaas hore, joogitaanka buurta korkeeda xaddi ku filan oo ceeryaan ahi, siiba xilliga Jiilaalkii waxa ay abuuri jirtay jawi qoyan oo ku haya dhiroonka buurta inay qoyaan iyo cagaar ku negaadaan.

Sida ay qabaan duqey (odayaal) deegaanka ka tirsani, meeshaas waxa la soo dersay kulayl intii hore ka badan, marka la barbar dhigo xilliyo hore.

---

[53] Jiibaan: (*Usnea articulata*) waa walax sida xuubka caarada oo kale oo inta la ogyahay lagu arko dhirta Dayibka. Waana tilmaame in ceeryaan ku filani joogto goobtaas.

Waxa kale oo hoos-u-dhac ku yimid roobkii ay goobtaasi heli jirtay. Jaangoyn iyo sahamin uu qaaday John A. Hunt[54] gu'yaashii 1945-1950kii waxa uu diiwaan geliyey in tuulada Go'da Wein oo dacalka koonfur bari ka saaran buurta inay heshay 43.68 xubnood oo roob ah ammin hal gu' ah. Hase yeeshee, diiwaan gelin roobaad oo xilliyadan dhoweyd la qaaday, waxa ay tibaaxayaan in roobka buuralayda ay Gacan Libaax ka mid tahay celcelis ahaan yahay 20 xubnood (inch) gu'giiba. Taasi waxa ay muujinaysaa in qoyaankii uu ku yimid hoos-u-dhac 50% muddo ku siman 60 dabshid.

C.F. Hemming (1966)[55] waxa uu xusay in roobka ay Gacan Libaax heshay uu ahaa 32.5 xubnood; halka uu Butzer (1961) oo uu soo xigtay Hemming, sheegay in roobki ay Gacan Libaax heshay uu 20-25% ka yaraa heerkii gu'yaashii 1881-1910.

Buurta Gacan Libaax waxa ay leedahay goobo biyo laga heli karo, waxaana ka mid ah Cuna Madow, Guro, Calaaculle iyo Kabcun, kuwaas oo ay dadka, xoolaha iyo duurjoogtuba ka cabto. Hase yeeshee biyahaas heerkoodu iyo soo-maaxitaankoodu si tartiib tartiib ah ayuu hoos ugu dhacaayay, ilaa la gaadhay heer cidhiidhyoon oo dadka u soo aroora dhibaato ka dhex dhaliya, siiba xilliyada Jiilaalkii. Maaxitaankii oo yaraaday awgood, dhaansiga biyuhu ammin badan ayuu ku qaataa dadka iyo xoolahuba si ay uga dhaansadaan ama uga fulaan. Haddii dhulku nabaad guuro, dusitaanka biyaha iyo dhulgalkoodu waa

[54] John A. Hunt, The General Survey of Somaliland Protectorate, 1945-1950

[55] C.F.Hemming, The vegetation of the Northern Region of Somali Republic (1966)

yaraanayaan, ceelasha, durdurrada, iyo buquhuba[56] waa
biyo yaraynayaan.

Xilliga Jiilaalka[57] ama Xagaaga, marka ay biyuhu
suququlka noqdaan, ceeryaanta ku biirta sallaxyada ama
dhaqaxaanta xordan (moqorrada), waxa ka cabbi jiray
dadka, xoolaha iyo duurjoogta. Waxa kale oo xusid
mudan in xilligii maamulkii Ingiriis gacanta ku hayay

---

[56] Buq ama Buqo = Waa dhul dhiraysan oo biyo hoose oo dhow
ama oogada u soo baxa leh. Dhulka buuraleyda ah ayaa laga
helaa. Waxa ay la ulajeeddo tahay ereyga Afingiriisiga ah ee
"wetlands"

[57] Xilliyada Soomaalidu waa Afar, waxaanay kala yihiin:

b) **Jiilaal (Jeenaweri - Maars)** Jiilaalku waa xilliga ugu engeg
badan uguna adag. Biyaha iyo daaquba cidhiidhi ayey noqdaan.
Xoolo-dhaqatadu waxa ay ku dhowaadaan meel biyo leh iyaga
oo isla markaana daaq raadinaaya. Haddii ay abaari timaaddo,
dadka iyo xooluhuba waxa ay u baahdaan gacan dibadeed si ay
biyo u helaan. Xilligan oo kale wax beerisi ma jiro.
Dhaqdhaqaaqyada baddu se (kalluumaysi iyo ganacsiba) wey
socdaan.

t) Gu (Apriil - Juun) Haddii ay roobab wanaagsani jiraan, waxa
ay keenaan badhaadhe. Aroosyada, shirarka beelaha,
siyaarooyinka, iyo ciyaaro-dhaqameedka ayaa xilligan la qabtaa.
Xoolaha waa la shidheystaa iyada oo Eebbe (sarree oo korreeye)
la mahadinaayo. Dhaqan-ahaan, qof da'diisa waxa lagu tiriyaa
inta Gu' ee uu jiray.

j) **Xagaa (Julay - Sibtembar)** Xagaagu waa xilliga labaad ee
engegan, hase yeeshee ka dhibaato yar Jiilaalka. Dhulka xeebaha
ah dhaqdhaqaaqoodu wuu yaraadaa, waxaana joojiya dabayl-
xagaada. Dhulka badankiisa waxa mara dabayl engegan, hase
yeeshe neecawsan, marka laga reebo xeebaha waqooyiga oo aad
u kulul.

x) **Deyr (Oktoobar - Diisembar)** Deyrtu waa xilli-roobaadka
labaad. Roobab wanaagsani haddii ay da'aan, wax-soo-saarka
dalagga beeraha waa kordhaa, xaaladda xoolo-dhaqataduna
wey wanaagsanaataa. Haddii ay se dhacdo Gu' iyo Deyr xumo
oo roobab ku filan la waayo, waxa hoos-u-dhac ku yimaaddaa
sugnaanshiiyaha cunnada (food security) macaluulina way
timaadda, waayo Deyrta waxa ku daba jira Jiilaal. (Source:
http://www.fsausomali.org/index.php@id=77.html)

maaraynta khayraadka buurta, dhowrkii dhisme ee goobtaas laga qotomiyey waxa loo sameeyey manjarooro (roof guttering) si fiican wax looga taransan jiray oo lagu maali jiray ama lagu ururin jiray biyaha ceeryaanta iyo roobka, si ay u adeegsadaan kaymo-dhowreyaashii/ilaaliyeyaal (*forest guards*) halkaas degganaa, isla markaana laga waraabin jiray dhirta la beerayo.

Ma muuqdaan mana jiraan haatan "ilo biyood oo god kasta kasoo burqanaaya" sida uu P.E. Glover 1950-kii ka weriyey oday 55 jir ah oo ka sheekaynayay xilligii caruurnimadiisii. Xaaladdani waxa ay ka dhalatay dhowr arrimood oo is-barkan: Qoyaankii (ceeryaamadii iyo roobkii) oo yaraaday, dahaadhkii dhireed (*vegetation cover*) ee buurta oo si la mid ah teelteel noqday, iyo hoos-u-dhaca tayadii roobka iyo gelitaankii biyuhu ay dhulka gelayeen, intaasna waxa dheer kulaylkii oo kordhay.

Buurta Gacan Libaax waxay tahay dhul muhiim ah oo biyo dhac leh (watershed). Si la mid ah waxa ay qaayo u leedahay dhulalka jooggoodu hooseyo ee ka xiga waqooyiga (Gubanka) iyo koonfurta oo dhul-beereed ballaadhan oo hodon ah lagu waraabsho biyaha dooxyada kasoo bilaabmay Buurta Gacan Libaax. Haddaba xaaladaha cimilo ee xagjirka ahi, siiba roob yaraantu waxa ay keeni kartaa in dooxyada rogmashadoodu yaraato, biyuhuna suququl ku noqdaan degsiimooyinka dhulka jooggoodu hooseeyo ee ku tiirsan biyaha buurta, iyo wax soo saarka beeraha – hadday tahay cunno iyo calafba.[58]

3.2. <u>Sugidda cuntada iyo nololsha (*food security and livelihoods*)</u>

---

[58] Calaf: Halkan waxa looga jeedaa wax kasta oo ay xooluhu cunaan. Ulajeeddo kale oo ereyga "calaf" lee yahay waa "ayaan ama nasiib", sida "heblaayo calaf iskuma lihiin". Sidoo kale waxa la mid ah: Dheef xag Ilaah ka qoran.

Hoos-u-dhaca qoyaankii ay buurtu heli jirtay, keliya mey saameyn xaaladda deegaan ee buurta uun, balse waxa ay waxyeello soo gaadhay xaaladda nololeed (maciishadeed) ee dadka. Tusaale ahaan, imaatinka ceeryaanta ee xilliga Jiilaalka ayaa dhiroonka buurta ku heyn jiray qoyaan iyo cagaarnaan, ugu dambeynna waxa ay ahayd xaalad gacan siisa kaabidda nololsha xoolo-dhaqatada iyo xoolahooda, una fududayn jirtay inay xilliga adag ka gudbaan.

Qaar ka mid ah waayeelka bulshadaas ayaa dareen aan soo dhoweyn lahayn ku muujiyey maqnaanshiiyaha ceeryaamada. Muuse Aw Axmed, oo ka mid ah odayaasha degaanka ayaa yidhi:

> "Ceeryaanta badani waxa ay tilmaan u tahay barwaaqo. Markii ay sida xooggan u jirtay, xaaladda nololeed ee degaanku waa ay ka roonayd tan manta jirta. Helitaanka biyuhu waa uu ka fududaa, dhiroonku waa uu ka cagaarsanaa, waana uu ka riiq dheeraa, dhulku waa uu ka rays badnaa, carro-guurkuna waa uu ka xawli yara kan maanta jira. Heynta xoolaad ee reer kasta uu lahaana waa ka badnaa, kana wax-soo-saar badnaa, kana miisaan iyo hilib badnaa. Dhiilkii aannu berigaas riyaha ku maali jirnay ayaannu hadda geela ula galnaa ama ku maalnaa".

Waxa uu odaygaasi hawraartu ugu dambaysa uga jeedaa in dhiilkii ay berigaas riyaha ku maali jireen ay hadda geela ula galaan ama ku maalaan. Waana hadal sarbeed ah oo muujinaya caanoyaraanta xoolaha iyada oo dhinac la iska leexiyay hadhuubkii geela lagu maali jiray oo haatan loola gelayo kii adhiga uun.

Xalwo Cige oo ah hooyada qoraaga buuggan, oo nolosheedii hore inteedii badnayd Gacan Libaax ku qaadatay iyana waxa ay tidhi:

> "Ceeryaanta dhulka ku da'da doogga ayaa qaban jiray, hoosna wey ugu degi jirtay, iyada oo dhuubabka doogga nafaqeyn jirtay, deeto ciidda geli jirtay. Ceeryaantu waxa ay nagu gedaamnaanaan jirtay (sida saabka ugu wareegnaan jirtay) laga bilaabo Salaadda Casar ilaa barqada dheer ee maalinta xigta. Waxaannu u niqiinnay **Hayays**, maxaa yeelay, si aan kala go' lahayn ayay noo heyn jirtay ama noogu da'i jirtay. Carrada ayay qoyn

jirtay, dhiroonka iyo dooggana wey soo noolayn jirtay –
xilli aannu baahi aada u qabnay wax qoyan oo ay xooluhu
afka saaraan".

Waxa ay kaloo sheegaan qaar ka mid ah qoysaska beerta
Qaadka in hoos-u-dhac ku yimid tayadii iyo fayoqabkii
dhirta iyaga oo arrinkaas u tiiriyay heerka hoose ee
ceeryaanta oo nafaqayn jirtay dhirta. Taasina waxa ay
saameyn ku yeelatay suuq-geyntii goosigooda.

3.3 Saameynta haweenka

Hoos-u-dhaca ku yimid wax-soo-saarkii xoolaha – tiro iyo
tayo ahaanba – sida subagga, caanaha, hilibka iwm, in
kasat oo ay saameyn taban ku lee yihiin baahida nafaqo ee
qoyska reer guuraaga ah, haddana dumarku waa ay kaga
sii darran tahay saameyntaasi. Xilliyadii hore wax-soo-
saarka jaadkan oo kale ee xoolaha, ugu horreyn, waxa laga
haqab tiri jiray baahida qoyska, hase yeeshee iminka waxa
loo iib geeyaa benderka[59]. Sidaas waxa loo yeelayaa in
aalaaba lagu daboolo dhinnaanshiiyaha ama kala-
dhantaalanka ku yimid wax-helkii (soo galkii) ama
dakhliga qoyska. Sidaas awgeed, dumarku waxa ay
quutaan wax ka yar inta ay cunaan raggu – sababo dhaqan
daraaddood. Xogta laga helay goob caafimaad oo ku taalla
magaalada Go'da wein waxa ay muujinaysaa korodhka
nafaqodarrada carruurta iyo dhiigyaraanta dumarka
uurreyda ah.

Gabaabsiga ku yimid dhirta waxa ay dumarka u tahay
inay ammin dheeraad ah iyo socod intii hore ka dheer ku
qaadato inay soo xaabeystaan ama soo diyaarsadaan
waxayabaha kale ee ay aqallada ku dhistaan (sida cawska,
dhigaha, saababka iwm). Biyoyaraantuna waxa ay ku
xambaareysaa inay socdaal dheer u galaan dhaansiga iyo
waraabka xoolaha.

---

[59] Benderka = magaalooyinka

3.4. Kala-duwanaanshaha noole (*bio-diversity*)

Hoos-u-dhaca xaddiga ceeryaantu waxa ay keeni kartaa in dhirta qaarkood ku yaraato buurto korkeeda – siiba Dayibka. Socod dhexmarid ah (*transect walk*) oo buurta korkeeda ahi waxa uu muujiyey in geedkani uu kasoo dhammaanayo dhinaca bari ee buurta, kuna sii ururayo jiritaankiisu dhinaca galbeed ugu xigta oo weliba jarka waqooyi ku dhereran – halkaas oo weli hesha ceeryaamo waxoogaa ah oo ka badan inta ay buurta inteeda kale hesho. Dhir geedka Dayibka ah oo dhimatay, oo xididadooda jiifka u baxa (*lateral roots*) ay muuqdaan ama bannaanka soo xigaan aya lagu arki karaa meel walba, siiba dhinaca bari ee buurta. Arrintan waxa keenay ciidguur; saansaankan oo kale waxa lagu masayn karaa sidii ilko cirridki ka dhammaaday oo kale! Dhirta kale ee uu saameeyey doorsoonka cimiladu waa Xasaadinka iyo Mooliga.

 Kala-duwanaantii dhirtu waa ay sii yaraanaysaa. Is-tarmintii Dayibka iyo Xasaadinku hoos ayay u sii socotaa. Waana dhif amabase ma arki kartid dhir jaadadkan ah oo soo baxday ama yaryar. Weliba jaad ka mid ah toonta oo buurta ka bixi jirtay lama arag ama waa dhif la-kulankeedu beryahan. Dadkuna waxa ay rumaysan yihiin in ceeryaantu door ka qaadan jirtay bixitaankeeda.

Keymaha ceeryaanlayda ah ee Gacan Libaax waxa ay gabbaad u ahayd duurjoog. Tayodhaca ku yimaadda keymaha iyo qaawinta buurtu waxa ay raadayn taban ku yeelatay xayawaannadaas iyada oo inta ka sii hadhay ay u ban baxayaan ugaadhsi, kuna dambayn doonaan cidhibtiran. Buurta Gacan Libaax waxa ay tahay goob doorroonaanteeda leh oo ay maraan kuna hakadaan shimbiraha hayaamaa (*migratory birds*), isla markaana waxa ay hoy u tahay shimbiro xero-dhalad ah. Sidaas daraaddeed, tayodhaca keymlayda Gacan Libaax wax ay shimbiraha ku abuuri kartaa saansaan diiqadeed oo gacan ka geysan karta dabargo'ooda.

3.5. Dalxiis-deegaan ama dalxiiska aan waxyeelladu u lahayn deegaanka (*Eco-tourism*)

Quruxgooniyeedka buurta Gacan Libaax, godadkeeda
sooyaaleed iyo meesha ay kaga taallo dalka oo ah meel u
dhex ah saddex magaalo oo waaweyn oo ku yaal
Somaliland, ayaa ka dhigaya meel ku habboon goob dalxiis
– waa haddii se la badbaadiyo lana dhowro dhirteeda iyo
duurjoogta ku nool. Buurtu hore waxa ay u ahaan jirtay
meel loo dalxiis tago, waxa se aan male ku jirin in
raadeynta doorsoonka cimiladu iyo daryeel-la'aantu ay
saamayn taban ku yeelan doonaan fursadaha dalxiis ee
xilliyada soo socda laga suurto gelin karo buurta.

3.6. <u>Aqoonta dhaqameedka – siiba Xiddiginta iyo
Saadaasha</u>

Saadaasha roobku waxa ay Soomaalida dhexdooda ku
ahaan jirtay aqoon soo jireen ah oo horumar laga gaadhay.
Aqoontaasi waxa ay ka dhalatay is-biirsiga Xiddiginta reer
Faaris ama Iraan, ta Carbeed iyo ta Afrikaanka. Tusaale-
ahaan, Nayruushka oo sidoo kale caan ku ah dalka Iraan
waxa lagu soo dhoweeyaa dabshidid (Dabshid) iyo laamo
qoyan ama caleemo oo irridaha aqallada la sudho.
Saadaaliyaha oo loo yaqaan Xidaar oo loo aqoonsanaa
inuu ka digo saansaan aan la jeclayn sida abaar, ama
dagaal, ama dhanka kale ku bishaareeyo roob, ayaa
huwanaan jiray tixgelin iyo maamuus bulsho, iyada oo
aalaaba saadaashiishu rumoobi jirtay.

Iyada oo ay intaasiba jiraan, ayaa haddana bulshada
aaggaas deggani, carrabbaabeen in saadaashii ama
odoroskii aqoonyahannadaas dhaqameed ay maalinba ta
ka dambeysa noqonayso mid aan lagu talo goosan karin
ama ay yimaaddaan wax ka geddisan dhacdadii la
saadaalinaayay. Taasi waxa ay keentay in tixgelintii iyo
maamuuskii ay huwanaayeen aqoonyahannadaasi sii
shiikhdo ama yaraato. Iyada oo ay aqoonyahannadaas
dhaqameed ay ka shaqaysiiyaan tabihii ay
awoowyaashood adeegsan jireen, ayaaney haddana sidii

hore looga bartay wax u dhicin. Sida uu qabo qoraagani, is-maandhaafkani iyo kala-dhantaalnaantaas oddoros, waxa loo tiirin karaa doorsoonka cimilada, waa se arrin u baahan in la sii daba galo.

4. La-qabsiga bulshada

Si ay ula jaan qaadaan saansaanka cusub ee uu soo kordhiyay doorsoonka cimiladu, waxa ay bulshooyinkani ku kaceen arrimahan soo socda:

4.1. Magaalogal/Magaaloraac (*rural-urban migration*): Hoos-u-dhaca qoyaanku (roobka, dhedada, ceeryaanta) waxa ay keentay in dheeftii ay bulshadaasi ka heli jireen khayraadka buurta ay yaraato. Taas oo sidoo kale keentay in xoolahoodi yaraadaan isla markaana ay u ban dhigmaan xaalad sugnaanshiiyo-la'aaned cunto (*food insecurity*). Waxana dhacday in ay lagama maarmaan noqotay in dad badani u dhaqaajiyaan dhinaca benderka ama magaalooyinka. Cidda miyigii aalaaba ku sii hadhaysaa waa dumar, carruur iyo waayeel. Waxa ay sidaas u yeeleen in ay helaan qaab kale oo ay u maareeyaan arrimaha la soo dersay, isla markaana dhaqaalekab u ahaadaan kuwii ay miyiga kaga yimaaddeen.

4.2. Gedgeddiga ama isku-dhafka dakhli abuurka (*income diversification*): Si ay u daboolaan hoos-u-dhaca ku yimid wax-soo-saarkii xoolaha, waxa ay dadka qaar bilaabeen shaqooyin dakhli-abuur oo kale sida shinni-dhaqasho, dhuxulaysi, beerista qaadka, gallay, hadhuudh iwm.

4.3. Samayn goobo biyood oo cusub: Kol haddii ay biyuhu suququl ku sii noqonayaan buurta, qoysaska dhaqaale-ahaan ladani waxa ay bilaabeen inay agagaarka buurta iyo meelo ka dheerba ka sameystaan berkado ama balliyo si ay u gaadhi karaan dhul-daaqsimeed fayow. Hase ahaatee qoysaska hayntoodo yar tahay weli waxa ay ku tiirsan yihiin goobaha biyood ee buurta ka jira. Qaabka hore waxa ay gacan siinaysaa in buurta culayska daaqsimeed ka dhaco, xooloraacataduna dhulka ku baahsanaadaan, waxaana sidoo kale yaraanayaa wadiiqooyinka ay sameeyaan aroorka xoolaha oo marka dambe isu dooriya boholo biyuhu gooyaan.

5. Cubbodhowryo (Challenges)

5.1. Dhuxulaysiga:

Dhuxusha oo inta badan laga diyaariyo dhirta qodaxlayda ah ayaa ah tamarta ugu doorka roon ee loo adeegsado wax kariska iyo adeegyo kale. Buurta Gacan Libaaxna waxa ay ku taal meel juquraafi ahaan dhex u ah saddex magaalo oo waaweyn (Hargeysa, Burco iyo Berbera) oo tirada ku nool lagu hilaadin karo in ka badan hal milyan iyo badh. Dhulka koonfur buurta kaga beegani waxa uu ahaan jiray dhul hodon ku ah dhirta siiba geedka Galoolka oo ah midka loogu jecel yahay dhuxushiisa. Haddaba, xaalufinta ba'aan ee la gaadhsiiyey dhirtii dhulkaas ku tiillay ayaa ku xambaartay in dhuxulaysatadu u soo ruqaansadaan dhinaca Buurta. Tanina waxa ay halis weyn ku tahay deegaanka buurta, taasoo haddii ay dhuxulaysatadu gasho ay baaba' u horseedi karta deegaanka buurta, isla markaana saamayn taban ku yeelan karto cimilo-deegaaneedka goobtaas doorroonaanteeda leh. Waxana sii kordhi doona heerkulka oo uu weheliyo in qoyaanku yaraado.

5.2. Dhul-oodashada:

Daaqa gabaabsiga sii noqonaya ee ka dhashay si-xun-u-adeegsiga khayraadka dhireed oo ay isla markaa weheliyaan abaaraha soo noqnoqonaya, ayaa abuuray tartan dhul boob oo la kala soohdinaysanayo dhulkii bannaanaan jiray. Joogtaynta iyo dayactirka dhulalkaas la ootay waxa ay u baahan tahay dhirgoyn joogto ah, waxana ay dhalinaysaa dhul bannayn kolba sii baahda. Qaawinta dhulkaasina waxa ay door ka ciyaari kartaa doorsoonka cimilo-goobeedka, dhulka oo didib (dirri) noqda iyo carroguur intaba. Dhul-oodashadu waxa ay kale oo tahay waxyaalaha abuura iska-hor-imaadka bulshada.

<u>5.3. Tamardarradda idaaradaha dawladeed iyo fulin la'aanta siyaasadaha ama xeerarka dhowrista deegaanka:</u>

Somaliland waxa ilaa hadda ka jira dhowr xeer oo qaarkood weli qabyo yihiin. Waxa kale oo jirta Siyaasadda Deegaanka oo loogu talo galay in ay noqoto hagaha waxqabadyada arrimaha deegaan. Sidoo kale, waxa jira xeerka guud ee Deegaanka, xeerka dhiroonka iyo duurjoogta, xeerka maaraynta qashinka iyo qaar kale oo la qalqaalinayo unkiddooda (sidii loo unki lahaa). Inta badan se, waxa cubbodhowr ku ah fulintooda arrimo dhaqaale, qaar farsamo, ama, mararka qaar, habboonaan la'aantooda awgeed.

Bulshada deggan meeshaas, waxa ay iskood u sameysteen xeerar ku jiheysan dhowrista deegaanka oo la odhan karo guulo kooban waa laga gaadhay. Tusaale-ahaan, furidda iyo xidhidda seeraha Buurta Gacan Libaax iyaga ayaa go'aamiya. Waxa ay kaloo hubiyaan in aagga buurta laga ilaaliyo dhirgoyn ku salaysan qaab ganacsi, iyo sidoo kale in aan laga dhuxulaysan. Sidaas oo ay tahay, iyada oo dadaalkaasi jiro, taag darrada iyo nuglaanshiiyaha ka muuqda doorkii dawladeed ayaa marar badan dhabarjab ku ah waxqabadka bulshada – taasoo ay dadka qaar xeerin waayaan ama tixgelin siin waayaan xeerarkaas bulsho ee wax-ku-oolka ah.

6. Gebagebo

Raadaynta doorsoonka cimiladu waxa tilmaame u ah gabaabsiga ceeryaantii iyo roobabkii, kor-u-kaca heer kulka deegaanka Buurta iyo tayodhaca ku yimid dhirtii ceeryaanlayda ahayd. Saansaankan gurracan ee cimilo oo in door ahba isa soo taraysay, waxa ay bulshada ku nool aagaas ku keentay is-beddello dhaqandhaqaale oo barkan dhibaatooyin kala duwan. Is-beddeladaasi waxa ay ku dhaliyeen bulshadaas inay qaadaan tallaabooyin ay kula jaan qaadaan (*adaptation*) isuguna habaynayaan la noolaanshaha is-beddelladaas. Tusaale-ahaan, waxay reer guuraanimada uga diga roganayaan qaab isku-dhaf beeralaynimo-xooladhaqato (*agro-pastoralism*). Qaar kale waxa ay u xadhkoxidheen magaalooyinka, halka ay qaar kalena bilaabeen gedgeddi dakhli (*income diversification*) sida shinni-dhaqashada iyo dhuxulaysiga.

Bulshada aagaas Buurta iyo hareeraheeda ku nooli si fiican ayay u yaqaaniin arrimaha deegaan ee sabada ay ku nool yihiin, aragti toganna way ka qabaan. Waxa ay badhaadhahooda la xidhiidhiyaan ceeryaanta oo door weyn ka ciyaarta cagaaraynta dhiroonka buurta oo ay kaddib dheefteedu u noqoto xoolahooda iyo iyagaba. Buurtu waxa ay kale oo muhiim u tahay dhulalka quluulka ah iyo godannada (*lowlands*), waxaana lagu tilmaami kara buurta sidii ay tahay keyd biyood. Haddaba sida daxalku u aayo tiro taangi biyood, ayaa si la mid ah dhirta oo buurta laga xaalufiyaa ay dhaawac u geysataa muggeedii keydineed, kaddibna waxa ay keentaa in biyuhu ku yaraadaan dhulalka ka hooseeya. Arrimaahas aynnu soo sheegnay awgood, waa muhiim in la ilaaliyaa, lana dhowraa deegaanka buurta.

Hoos-u-dhaca qoyaankii ay buurta iyo hareeraheedu heli jireen ayaa dadkii ku keenay xaalad bar-laawenimo (*destitution*), kaddibna waxa ay u dareeraan dhinaca magaalooyinka. Sidaas daraadeed, saansaanka sidan oo kale ahi waxa uu bulshada aynnu ka hadlaynno iyo kuwa la midka ahba u yahay silicmaryaal, sugitaanla'aan quud (*food insecurity*) iyo xasarado (qulqulatooyin) ka dhex oogma bulshada. Dhinacayada kale ee u nuglaaday doorsoonkan cimilo waxa ka mid ah duurjoogtii buurta ku noolaan jirtay, fursadihii dalxiis-deegaan ee ka suurto geli lahaa buurta (*eco-tourism potentiality*) iyo heerka helitaan ee biyaha.

Maqnaanshiiyaha taageerada dawladeed iyo fulin la'aanta xeerarka deegaan ayaa dhiirigelin u noqday xubno bulshada ka mid ahi inay ku kacaan howlo aan deegaanka la jaal ahayn sida dhuxulaysiga iyo oodashada dhulka danta guud. Arrimahanina waxay turunturro ku yihiin wixii hor-u-mar deegaan ah ee la qaban lahaa.

16

Maxay Shinnidu u Lee'anaysa

"..Waxa uu u Waxyooday (ku ilhaamiyay) Eebbaha shinnida, ka yeelo buuraha guryo iyo geedaha iyo waxay dhistaan. Markaas cun midho kasta, xaggooda qaadna jidadka Eebbahaa oo laylyan, waxaana kasoo baxa calooshooda cabbid kala duwantahay midabkoodu, dhexdiisana waxaa ah daawo; dadka arrintaasna calaamaa ugu sugan ciddii fikiri". Qur'an: An-Naxal:68-69

Shinnidu si argagax leh ayay uga sii tirtirmaysaa Waqooyiga Ameerika iyo Yurub. Markii ugu horreysay ee ay shinnidhaqatada carriga Maraykanka ka hadleen qaylodhaanta ku saabsan lee'adka shinnida waxa ay ahayd 2006. Sida ay u muuqato, shinni tiro badan oo fayow ayuun baa ka dhaqaajinaysa gaaguurteedii, dibna aan ugu soo laabaneyn.

Xeel dheereyaasha arrintan u kuur galay waxa ay xaaladdan walbahaarka leh ku magacaabeen *"colony collapse disorder"* oo aynu ku sheegi karno "asqowga iyo kala-daadashada xoonka shinnida". Tusaale-ahaanna waxa lagu hilaadiyay in ugu yaraan saddex-daloolow-hal (1/3) ay sidaas ku lee'atay shinnidii carriga Maraykanka ku noolayd.

Shinnidu door aad u roon ayay ku leedahay bacriminta ubaxa, isu-dheelli-tirka sabooyinka iyo sugidda cuntada adduunweynaha. Tirada goosiyada ama dalagyada aan baxayn ama tarmayn shinnida la'aanteed aad ayay u badan yihiin. Sida ay qabaan dad xeeldheereyaal ahi, haddii ay dabar go'do shinnidu, waxa la fili karaa in aadamuhuna ku xigi doono.

Haddaba, maxaa keenaya in shinnidu ka dhaqaajiso gaaguurteedii, kuna soo noqon weydo? Aqoonyahannada aqoonbaadhis ku sameeyey xaaladdan waxa ay rumaysan yihiin inay is kaalmeysteen dhowr amuurood oo bes ka dhigaya shinnida, oo ay ka mid yihiin u ban dhignaanta sumaha cayayaanka, deris-ku-nooleyaal kala duwan, cunno yaraan iyo weliba fayras cusub oo abbaaraya habka iska-caabbiga xanuunnada ee shinnida.

Carriga Soomaalidu ku dhaqan tahay, shinnida laga helaa, badiba waa laba jaad: *Apis mellifera*, oo loo yaqaan Shinni Afrikaan (*African honey bee*), oo laga helo dhulka joogiisu yahay 500-2400 mitir (ka sarreysa heerka badda); iyo, *Apis m. yemenitica*, oo ah jaad aad ugu adkaysi badan abaaaraha oo laga helo dhulka joogga hoose leh. Malabyada (malabbada) ugu caansan ee carrigeennu waa ka buuralayda, Qodaxlayda (acacia honey), malabka gobka, ka dacarta iwm. Malabka qodaxlayda aad ayaa loo qiimeeyaa, samaysankiisa gaarka ah, tayadiisa iyo dhadhankiisa aawadiis. Malabka Soomaalida waxa loo dhoofiyaa Carabaha, waana lagu quutaa dhulka benderka ah (magaalooyinka), waxa kale oo loo adeegsadaa daaweyn iyo nafaqo-ahaan.

Qaabkii hore ee malabka duurka lagaga soo guran jiray ayaa, inta la ogyahay, laga isticmaalaa carriga Soomaaliyeed. Hase yeeshee, dhowaanahan qaabkaas hore ee sida arxandarrada ah loo maarayn jiray shinnida, si malabka loola soo baxo waxa beddelaaya soo xerogelinta (*domestication*) shinnida, iyada oo la adeegsanaayo gaaguur – siiba jaadka loo yaqaan *"Top bar hives"*.[60] Qaabdhaqameedkii hore ee loola soo bixi jiray malabku waa sidan oo kale: Marka la sugo meel ay shinniyi deggan tahay, qofku waxa uu adeegsan jiray qori dab ah oo holcaya si uu shinnida gabbaadkeeda uga eryo, waxa se halkaas ku idlaan jirtay shinni badan. Dabci-ahaan, qofka reer guuraaga ahi haleel uma helo inuu soo xero geliyo shinni ama dhaqdo, saas awgeedna, marka uu soo helo meel ay shinniyi deggan tahay, waxa uu hubin jiray inuu

---

[60] *Top bar hives* = Waa seexaarado sidii sanduuq u samaysan, se xagga hoose u yar. Korka waxa laga saaraa qoryo dhuudhuuban oo is laaleeg (waana halka magaca sanduuqu ka yimid).

la baxo – tiiyoo weliba uu malabku ceedhin yahay. Maxaa wacey, haddii aanu sidaas yeelin, waxa uu rumeysnaa in qof kale la bixi doono. Habdhaqankani, intiisa badan, waxa uu ku gebageboobaa tirtiranka shinnidaas. Haddaba "boobkaas" soo-jireenka ah iyo cimilada adag e carrigeenna ayaa laga yaabaa inay ka dhigtay shinnida gobolka mid aad u xanaag badan ama sida loo yaqaan nicis ah.[61]

Sidaas oo ay tahay, haddana iyada oo laga yaabo in sumaha cayayaanku iyo waxyaalo kale ay idlaynayaan shinnida Yurub iyo Ameerika, ayaa sidoo kale tirada shinnida carrigeennu hoos u sii socotaa, sababo la xidhiidha dhirxaalufun, abaaro baahsan iyo iyada oo aan laga tegaynin qaabka arxandarradu ku jirto ee loola soo baxo malabka.

Beryahan dambe, waxa jira isku dayo kala duwan oo ay sameeyeen ururrada horumarineed si ay u baraan dadka qaabka cusub ee shinnidhaqashada. Isku deyadaas waxa looga golleeyahay in lagu xoojiyo bulshooyinka inay la qabsadaan qaababkan cusub iyaga oo ka caawiya u fidinta qalabka ku habboon shinnidhaqashada iyo tababarro. Haddaba, shinnidhaqashadu waxa ay irridaha u furi doontaa qaab joogteysan oo aan deegaanka dhibaato u lahayn, isla markaana xoojinaya qaayaha dhirteenna ay aafeysay halista dhuxulaysigu. Wanaagga shinnidhaqashadu waxa ay tahay iyada oo xidhiidh la leh ilaalinta deegaanka iyo dakhli abuurka. Run-ahaantiina, doorka mudan ee ay ka ciyaarto barcriminta oo sabab u noqda korodhka wax-soo-saarka beeraha iyo taranka

___

[61] Shinni nicis ah = Waa shinnii aan ammin dheer malab lagala bixin, oo ku fadhida ama ilaalinaysa malab badan. Inta badan waxa laga helaa jeexjeexyada dhagxaanta oo ay adag tahay in la jabsadaa. Si ay malabku u ilaashato, aad ayay u xanaaq badan tahay, oo ciddii u soo dhawaato waa ay weerartaa.

dhiroonka ayaa ka badan waxa toos looga dheefsado sida malabka iyo xanjadiisa.

17

Dhimashadii Geedkii Dheenta ahaa

« Gudin yahay imaad goyseen e, badhkay baa kugu jira »

_____Maahmaah Soomaaliyeed

Ka hor gu'gii 2009, doox yar dhexdii, oo loogu yeedho « Dooxa Dheenta », kuna barbar yaalla tuulada sidata isla magaca « Dheenta », ee ku taal jidka u dhexeeya Hargeysa iyo Berbera, halkaas waxa ka qotomay geed caan ah oo la yidhaahdo « Geedka Dheenta ». Kaddib, waxa dhacday in socotada jidka ku socdaali jirtay, in ay ku baraarugeen, dareenna ka muujiyeen dhimashada uu ku sii siqayo geedkani – kaasoo tobannaan gu' (haddiiba aanay ahayn boqollaal) si haybad leh uga dhex qotomay dooxaas, isaga oo huwan woofil caleemaysan oo goor walba cagaaran, kana geddisnaa marka la barbar dhigo dhirta qodaxlayda ah ee caleenta daadisa ee ka ag dhow. Waxa uu u caan baxay sidii dhir kale oo magacyo loo bixiyay oo ay ka mid yihiin Xaliimaaleh, Hareeri-calaan, iyo Galool-qalinle.[62] Waxa ay dadka qaar is weyddiin jireen in waxan ku habsaday geedkani yahay arrin ka dhashay saansaan dabiici ah, iyo si kale, in arrinkaas loo sibir saari karo waxyaabo kale.

Geedkaasi waxa uu ka mid yahay dhirta sii dabar go'aysa ee dalkeenna laga helo. Midhaha geedkani waxa xiiseeya, una muhda[63] dadka, shimbiraha iyo xayawaanka uu ka mid yahay daayeerku. Waxa inta badan dhacda iniinyaha geedku iyaga oon bislaan inay shimbiraha iyo daayeerku

_____

[62] _Xaliimaaleh, Hareeri-calaan,_ iyo _Galool-qalinle:_ Waa saddex geed oo waayadii hore loo aqoonsanaan jiray in ay amran yihiin.
[63] Muhasho = lahbasho. Sida: Midhaha dheenta waa loo lahbadoodaa.

cunaan. Sidoo kale, caleentiisa oo ay xooluhu aad u jecel yihiin ayaa xoolodhaqatadu xilliga Jiilaalkii u garaacaan. Dhirta yaryar ee soo dhulka kasoo biqiltana riyaha ayaa xididka u siiba. Waa dhif in la arko geedkan oo kale; sidaas ayuuna caan ku noqday, waxna lagu tilmaansadaa. Isla markaas, geedku waxa uu lee yahay dhuux cas oo qurux badan oo ay daneeyaan quraartu (kuwa qoriga wax ka qora). In kasta oo uu qorigiisu biixi yahay (adag yahay), haddana waxa laga sameeyaa koorta geela oo noqota mid aad u danan ama dhawaaq dheer, sidaas awgeedna, waxa xiiseeya geel jiraha.

Geedkaasi waxa uu ahaa taallo dhuleed oo la halleeyey, isla markaana aan si dhib yar loo beddeli karin. Waxa laga yaabaa inuu boqollaal gu' jiray, dabshidyo kalena sii jiri lahaa haddii aanay gacanta aadamuhu ku gardarroon.

Waxyeellada geedkan kaga timid dhinaca dadka waxa ka mid ah:

- Geedkan oo hadhkiisu hadhac[64] ahaa ayay gaadiidlaydu ku nasan jireen hoostiisa, baabuurtoodana hoos dhigan jireen oo weliba kaga shaqayn jirtay (ku cillad saari jireen) ama saliid ijiinta kaga beddeli jireen, kagana daadin jireen goobtaas. Saliid ijiinta baabuurta ayaa hoos u gasha ciida, dikhowna ku sameysa, isla markaana dhibaato gaadhsiin karta habshaqaynta geedkaas.

- Waxa kale oo la arki karayay dhaawacyo iyo qardoofooyin tiro badan oo jirriddiisa ku tiillay iyo laamaha geedka oo xoolaha loo garaaci jiray.

- Degsiimada halkaas ka sameysantay (tuulada Dheenta) iyana waxa ay soo kordhisay inay caruur tiro badani ay koraan geedka xilliga uu midheysto iyo xilli kaleba, iyaga oo ay maararow u noqotay, taasoo ka qayb qaadata waxyeellada soo gaadhaysa.

Intii uu noolaa geedkani, tiroba toban jeer in ka badan oo aan jidka maraayay ayaan ku hakaday hoostiisa si aan

---

[64] Hadhac = Hadh wanaagsan

xaaladdiisa ugu kuur galo, waxana aan isku dayi jiray
inaan midhihiisa ururiyo si aan u tarmintooda. Mar waxa
aan si dhib leh uga helay dhowr iniiyood oo aan u soo
qaaday xarun dhirta lagu tarmiyo oo ay leedahay hay'adda
Candlelight. In kasta oo aan biyo diirran midhihii ku dhex
riday, si ay laftu u jilicdo, una fududaato bixitaankooda,
haddana kolkan kumaan guulaysan inay dillaacaan
midhihii.

Geedkii waxa uu la kulmay heddiisii. Wuu wada qallalay,
waana dhintay. Kolkaas ayay socotadiina joojiyeen
daymoodkoodii raalli-ahaanshaha iyo soo-dhoweyntu ku
dheehnayd ee ay la beegsan jireen dhinacii uu ka xigay
geedkii noolaa. Gaadiidlaydii waxa ay joojiyeen in ay
baabuurtoodii dhigtaan goobtii geedku ku oolli jiray.
Carruurtii iyo daayeerradiina uma hadhin in ay fuulaan
geedkii – haddii ay ku ciyaari lahaayeen, iyo haddii ay
midho ka guran lahaayeenba. Ma jiraan laamo ay
shimbiruhu isku taagaan ama buulal ka samaystaan, mana
maqli kartid codadkoodii qurxoonaa, macaanaa ee kala
caynka ahaa – marka laga reebo oohintii murugada lahayd
ee fiinta. Waxa iyana la waayay nooleyaashii kale ee
kaalinta mugga leh ka qaadan jiray bacriminta xilliga ay
manka ubaxa geedka ka guranayaan. Ma jiro faxaasigii iyo
nasashadii ay geel jiruhu iyo socotadu ka hoos heli jireen
hadhka fidsan ee geedka. Waxa ay noqotay goob aan
dhallintu la soo aadin ciyaarihii ay ka mid ahaayeen Waalo
iyo Leelo goobalay, ragguna aanay kula habayaamin (la
haweysan) shirar iyo gartoona, gashaantimuhuna aanay
guudka (timaha) isugu dabin iyaga oo naawilaya
doobabkii ay nolosha la wadaagi lahaayeen. Waxa iyana
ku daayay garaacii durbaanka iyo jiibtii xaawalaydii
Sitaadku ka hoos tumi jireen geedka, mana dareemi kartid
hawadii ruuxaaniyaddu ku dheehnayd ee ku gadaamnayd
geedka. Ugu dambayn, sida ay rumaysnaan jireen
dadyowga Kushitigga ah ee ay Soomaalidu ka mid yihiin,

waxa goobta ka hulleeshay rooxaantii Ayaana ee la rumaysnaa in ay habeenkii dhirta korkooda ku soo degto.

Qalfoofkii engegnaa ee geedku kama uu nabad gelin godintii. Qaar ka mid ah dadkii degganaa tuulada ayaa qurub qurub u jaray qoryihii geedkii tuuladooda magaca ay ilaa maanta sidato hantisiiyay una hibeeyay. Ugu dambeynna dhowr jawaan oo dhuxul ah ayaa jirriddiisii laga diyaariyey. Hadda Tuuladii Dheentu waxa ay meesheedii yuururtaa iyada oo haybteedii wax ka maqan yihiin, isla markaana si aan soo-noqod lahayn uu u lumay qayb ka mid ah sooyaalkoodii.

18

Halista Wershadaha Hargaha & Saamaha

"Keliya marka geedka ugu dambeeyaa u dhinto, webiga
ugu dambeeyaana uu sumoobo, midhka kalluun ah ee
ugu dambeeyaana la soo qabsado, ayaynnu garwaaqsan
doonnaa inaynnaan quudan karin lacag noodh ah".

– Waa maahmaah ay leeyihiin dadka loo yaqaan Hindida
cascas (Cali beystayn) ee Ameerika ku nooli.

Ammin ku siman qarniyo iyo in ka badanba, dhulka
Soomaalidu deggan tahay waxa uu ahaa dhul Eebbe
(sarree oo korreeye) ku mannaystay nimcoolay kala duwan
siiba adhiga, riyaha, geela iyo lo'da. Xoolaha waxa aalaaba
loo dhoofin jiray dalalka Bariga Dhexe iyaga oo nool.
Waxa ay ahayd uun bilowgii gu'gii 2000 markii xarumaha
gawraca xoolaha laga bilaabay dalka si loo dhoofiyo iyaga
oo qalan. Waayadii hore, hargaha iyo saamaha waxa la
dhoofin jiray iyaga oon la farsameyn. Mana ay jirin
wershado howshan qabtaa, waxa se hargaha iyo saamaha
la marin jiray sumaha cayayaanka si aanu u gelin
camadhku. Waxa ay ahayd uun bilowgii 1970aadkii
markii ay Dawladdii Soomaaliya dhistay Wakaaladdii
Hargaha iyo Saamaha, iyada oo looga gollahaa in waaxdan
(sector) horumar lagu sameeyo, hargaha iyo saamahana
qiimahooda la kordhiyo. Wakaaladdaasi waxa ay
bilowday inay dhisto dhowr wershadood oo lagu
farsameeyo hargaha iyo saamaha. Waxa ay keloo gudo
gashay in dadka, siiba reer guuraaga, lagu dhex faafiyo
qaabab cusub oo xoolaha haragga looga saarayo iyo
qaabka loo wadhayoba.

Dhinacii Waqooyiga, xilligaas waxa laga dhisay laba
wershadood oo ku kala yiillay Hargeysa iyo Burco,
waxaana laga qotomiyey meelo magaalooyinka ka baxsan

si loo yareeyo halista dikhow ee ka dhalan karta wershadahaas.   Haddaba afartan gu' kaddib, labadii wershadoodba waxa dhinac walba ka dhaafay dhismeyaashii magaalooyinkaas, waxaanay ka mid noqodeen degsiimooyin rasmi ah.   Ayaan-wanaag, tii Hargeysa waxa ay ku burburtay dagaalladii 1988-1990, kaddibna waa la biliqaystay, meeshiina waxa loo rogay dhul dhismeyaal ka dhisan yihiin.   Wershaddii Burco se, dib ayaa loo hagaajiyey, mararka qaarkoodna waxa lagu fuliyaa howshan medginta hargaha iyo saamaha, in kasta oo ay dad soo baro kacay ay dhinac walba ka deggan yihiin.

Tani ma aha dhammaadkii wershadaha hargaha iyo saamaha ee dalka. Waxa jira meherado aan sidaas u sii waaweyneyn oo ku dhex yaal magaalooyinka, siiba Hargeysa, oo farsameeya hargaha iyo saamaha ka hor inta aan dibedda loo dhoofin. Waxa kale oo dhowaan bilaabmay ganacsi ballaadhan oo ku jiheysan hargaha iyo saamaha.

Baahida sii kordheysa ee waxyaabaha hargaha laga wershadeeyo (sida kabaha, shandadaha, suunanka iwm) waxa barbar yaallaa shuruudaha dhowrista deegaan ee sii xoogoobaya ee ay la kulmaan shirkadaha hargaha iyo saamaha farsameeya ee dalalka hore u maray, iyada oo looga baahan yahay inay kharash badan galaan si ay u iibsadaan una rakibaan qalab lagula tacaalo biyaha sumeysan ee warshadahaasi sameeyaan.   Taas weeye sababta ay shirkadaha yar yar ee aan quudhi karin inay kharashkaas badan galaan, ay u guuraan dalalka soo korya oo ay ka helayaan shaqaale jaban, isla markaana aanayn jirin shuruuc xakameyneed oo la xidhiidha dhowrista deegaanka.

Magaalda Dacar Budhuq, oo ku taalla jidka u dhaxeeya Hargeysa iyo Berbera, isla markaana xarun u ah degmada cusub ee Laas Geel (oo loogu magac daray goob laga daah furay xaradhgodeed aad u fac weyn), ayaa haatan noqotay saldhigga laba wershadood oo lagu farsameeyo Hargaha iyo Saamaha.

Labada wershadood waxa ay ku kala yaalliin labada dacal
ee dooxa meeshaas mara oo biyihiisu saldhig u yihiin
nolosha dadka magaalda iyo kuwa ka xiga dhinaca
daadegga. Dooxaasi waxa uu biyihiisa ku gororiya Badda
Khaliijka Cadmeed. Labada wershadoodba waxa ay kor
ka xigaan goobta ay dadka magaaladu biyaha ka
dhaansadaan. Mid ka mid ah labada dhisme ayaa wax aan
ka badnayn ama in le'eg tuuryo dhagax u jirta ceelka
keliya ee dhowrsoon ee ay magaaladu leedahay. Labada
dhismeba waxa ay saaran yihiin dhul sanaag ah oo u
foorora dhinaca dooxa, taasoo sii kordhin karta halista
dikhow ee ku dhici kara ciidda iyo biyahaba.

Dacar Budhuq waxa ay noqon kartaa magaalo weyn.
Tirada dadka ku noolina waxa ay aad u kordhaan xilliga
Xagaaga, marka ay u soo guuraan reero/xaasas door ah oo
kasoo xagaa baxa cimilada kulul ee Berbera.

Dhaqdhaqaaqyadan hadda ka jira Dacar Budhuq ee la
xidhiidhsan labadan wershadood waxa ay noqdeen arrin
aad loo falanqeeyo oo xambaarsan werwer ay qabaan
bulshada reer Dacar Budhuq. Halka ay qaar iyaga ka mid
ahi ay dhaqdhaqaaqan u arkaan cawo iyo ayaan, oo ay
filayaan shaqo'abuur hor leh, iyo tiiyo ay dheer tahay
horumar ku yimaadda magaaladooda, ayaa kuwa kalena
ay ka werwersan yihiin dikhowga ka dhalan kara
kiimikada qashin-ahaan uga baxda wershadahaas, oo wax
yeellayn karta biyaha, saameyn caafimaadna ku yeelan
karta dadka, xoolaha iyo dalagga beerahaba.

Wershadaha hargaha iyo saamuhu waxa ay sameeyaan
qashin xambaarsan kiimiko, oo haddii ay ku siibtaan
biyaha ku sameeya tayodhac iyaga oo idleeya ogsajiinta
biyaha ku jira. Waxa ay kaloo dhaliyaan ur aad u
qadhmuun. Sidoo kale, waxa ay laayaan noolaha biyaha
ku dhex nool. Waxa ay ka dhigaan biyaha qaar halis
caafimaad leh oo dhibaato u keeni kara dadka iyo

xoolahaba. Xanuunnada neefsiga iyo dubka (maqaarka) ayaa la og yahay in ay ku badan yihiin shaqaalaha wershadaha hargaha iyo saamaha.

Adduunweynaha, waxa la joogaa xilli ay dadka wax iibsadaa iyo dawladuhuba ay si baahsan wershadaha uga doonayaan shuruudo adag oo lagu maareeyo dikhowga biyaha iyo hadhaaga qashinka guntin (solid waste) iyada oo la waafajinaayo halbeegyo caalami ah. Waxa taas ka unkamaaya in wershaduhu ay la kulmaan ama galaan kharashyo deegaan (*environmental costs*) oo sii kordhaya. Waxana ay mararka qaarkood ku xambaarta howlwadeennada wershadaha qaarkood inay qashinka si aan sharciga dawliga ah la jaan qaadsanayn u qubaan/xooraan.

Haddii aynnu u soo laabanno arrinkan aynnu ka hadlaynno, waxa muuqata inaan sinaba loo falanqayn halista ku xeeran qashinka wershadahaas, isla markaana aan la sameyn waxa loo yaqaan Sahaminta Raadeynta Deegaan (*Environmental Impact Assessment*). Dhibaatadu ma aha oo keliya taag darraanta hay'adaheennii dawladeed ee arrinkan oo kale ka hawl geli lahaa, ee waxa weheliyaa iyada oo aan loo arag arrin wax-ka-qabasho mudan. Si loo awdo goldalooladan oo kale, waxa la adeegsan kari lahaa (intii aan la bilaabin mashaariicdan iyo kuwo kale oo la mid ahba) shirkado ku xeel dheer arrimahan, kalana taliya dawladda, isla markaana baadhitaankoodu xaqiijin lahaa fayoobida deegaan ee wershadahan (*environmental health check*), taasoo kharashka baadhitaankaas ay dhabarka u ridan lahaayeen shirkadaha dalka maal gashanaaya.

Dhowr gu' ka gadaal, intii ay shaqaynayeen wershadahaasi, waxa soo baxayay raadadka ay ku yeelanayaan caafimaadka noolaha iyo deegaankaba. Xanuunnada magarka iyo kuwa neefsiga sida canbaaraha iyo xiiqda ayaa ka mid ah dhibaatooyinka caafimaad ee ay u ban dhigmi karaa xoogsatada ka shaqaysa wershadaha hargaha iyo samaha. Sumaha kiimikada ah ee la adeegsado oo ay ugu door roon yihiin milixda Koromiyamka,

Ammonuium iyo aysiidhyo kale, waxa ay yihiin qaar aad ugu daran caafimaadka noolaha iyo deegaankaba. Waxa kale oo dhici karta in la arki karo xaalado caafimaad oo la xidhiidha xagga taranta aadanaha iyo xoolahaba, oo mararka qaar la arko tirada qubashada uurreyda iyo dhicinta xoolo oo bata.

"Caano qubtayba dabadood la qabay". Waxa la taagan yahay xilligii si xoog leh loo yareyn lahaa halista ka dhalan karta arrimahan kor ku xusan. Khatarta ka iman karta sumaha wershadahan, iyo kuwa la midka ah ba, waxa lagu yareyn karaa keenidda iyo howlgelinta qalab lagu farsameeyo ama lagula tacaalo sumahaas (*effluent treatment plants*) iyo kormeer adag oo joogtaysan oo lagu hubinaayo in sumaahas si maan gal ah loo basriyey iyo in kale. Waxa kale oo lagama maarmaan ah in la hubiyo in shaqaaluhu ku gaadhan yihiin hu (dhar) ku habboon, gacmogashi, sandabool, kabaha ammaanka, iyo qalab indhaha ka dhowra walaxaha dibedda kasoo gaadhi kara.

19

Yicib

"Fadhi iyo fuud Yicibeed la isla waa" __ Maahmaah
Soomaaliyeed

Yicibtu waa geedgaab (*shrub*) xilli kasta caleemeysan oo
loo yaqaanno Gud, oo laga helo qaybo ka mid ah
badhtamaha Soomaaliya iyo Kililka Shanaad ee Ethiopia.
Geedgaabkan waxa uu bixiyaa midho dhadhan wacan, leh
nafaqo badan, loona yaqaanno "Yicib"[65] oo si toos ah loo
cuni karo, iyaga oo geedka laga soo gooyey, ama la dubay
ama biyo lagu bayliyey. Magaca cilmiga ah ee
geedgaabkan waxa weeye *Cordeauxia edulis*.[66]

Qoriga geedka gudku waa sida geedka shillinka (*Balanites
schilling Chiov.*). Waa biixi, bulaanbulyana ma gasho
(cayayaanka ma geli karaan dhuuxa geedka). Midhaha
geedku marka ay cusub yihiin waxaa la yidaahdaa
"balag." Marka geedka laga gooyo qolofta sare baa laga
tuuraa waana la wadhaa (la qallajiyaa), waxana la
yidhaahdaa "Kalmoon." Markii uu qallalo baa la dubaa.
Marka uu geedka dushiisa ku engego iyada oo aan la
goosan "jalow" baa la yiraahdaa. Marka la dubo aad buu u
udgoon yahay. Hadiyadda ugu wanaagsan oo qof aagga
uu ka baxo ka imaanaya loo dirsado yicibku waa ka kow.
Abuurku ama midhuhu dhaqso ayay u biqli og yihiin, se,
gu'yaasha hore, koritaanka geedku waa gaabis. Maxaa
wacay, geedku waxa uu mudnaan siiyaa in uu samaysto

---

[65] Waxa jira geed la yidhaahdo "Yucub" oo ka baxa dhulka
Hawdka oo ah geed weyn, kana geddisan geedgaabkan bixiya
midhaha Yicibta.

[66] Magaca cilmiga ah ee geedgaabka "*Cordeuxia edulis*" waxa uu
kasoo jeedaa sakaal ciidamadii Ingiriiska ka mid ahaa ee ka
howl geli jiray Somaliland oo magaciisa la odhon jiray Henry E.
Cordeux oo baadhista iyo ururinta dhiroonka dhulka hawdka
isku howli jiray. "Edulis" waxa ay u taagan tahay "edible" ama
la cuni karo.

xididdo baahsan oo u suurtogeliya in ay soo jiitaan biyo ugu filan in uu ku tamariyo cimilada adag.

Hore ayaa loo yidhi: "Fadhi iyo fuud Yicibeed la isla waa" oo looga jeedo dhadhanwanaagga fuudka midhahiisa iyo sida ay u adag tahay helitaanka midhihiisu – iyada oo ay dhammaan u tartamaan dadku, xooluhu iyo xayawaanno kale, siiba Dabagaallaha. Midhaha Yicibta xitaa waa laga door bidaa cuntada aadka loo jecel yahay sida timirta iyo bariiska.

Laba jaad oo Jicib ah ayaa jira; Suuley iyo Muqley. Ka hore waa jaad yaryar ah oo laga helo Badhtamaha Soomaalia, sida koonfurta Mudug, Galguduud iyo Waqooyiga Hiiraan, halka Muqley oo geedkiisu ka dhaadheer yahay kan hore laga helo Waqooyiga sida Somaliland iyo meelo ka mid ah deegaanka dhulka Soomaalida Itoobiya.[67]

Two variety of Yeheb are recognized; Suuley, a bigger variety and can only be found in central Somalia, i.e. south of Mudug, Galgudud and north of Hiran regions. Muqley, a smaller variety which is found in Central Somalia, Somaliland and the Somali region of Ethiopia, as well as in central Somalia.[68]

Caleenta geedgaabkan waxa loo adeegsan karaa caleen shaah, waxana daaqa adhiga, riyaha, geela iyo lo'da. Xooluhu wey ka helaan (jecel yihiin) caleentiisa, waxaana

---

[67] Dr. Muna Ismail, Lewis Wallis and Scot Draby, *Restoring Land and Lives: Report of a scoping mission to examine the restoration and possible domestication of the Yeheb plant in Somaliland,*(June 2015), Initiatives of Change, London, UK.

[68] Dr. Muna Ismail, Lewis Wallis and Scot Draby, *Restoring Land and Lives: Report of a scoping mission to examine the restoration and possible domestication of the Yeheb plant in Somaliland,*(June 2015), Initiatives of Change, London, UK.

la arkaa marka la qasho in lafahoodu yeeshaan midab hurdi furan ah.

Waxa geedka laga sameyn karaa midab cas oo dabiici ah (*natural dye*) oo loo yaqaanno *Cordeauxiaquinone*, waana midab aan meydhmin oo ay adeegsadaan wershadaha rinjiyada midabeynta sameeya. Qoryaha engegan ee geedkan waxa loo adeegsadaa xaabo tayo sare leh.

Geedkan waxa lagu tijaabiyey meelo ka baxsan deegannada Soomaalida, sida Israa'iil, Kiiniya, Taansaania, Suudaan, Yaman iyo Maraykanka. Ka hor intii aanay dagaaladii sokeeye ka qarxin Soomaaliya (1991), ilaa konton geed ayaa lagu beeray Xaruntii Dhexe ee Aqoonbaadhista Beeraha ee Afgooye. Dhirtaasi in kasta oo ay u baxday si gaabis ah, haddana wey ubxisay (ubax ayay bixisay), midho badanna wey keentay.

Inta badan, geedka Yicibtu waa ka saxar la' yahay cayayaan. Hase yeeshee, midhaha waxa ku dhasha dulin cayayaan ah. Taasna waxa ay Somaalidu kaga hor tagaan iyaga oo duba midhaha, ama bayliya marka la soo gooyo si ay u dhintaan cayayaanku, qoloftuna u noqoto mid adag oo aanay cayayaanku si fudud u gelin.

Geedka Yicibtu waxa uu bixiyaa sannadkii ilaa shan (5) kiilo oo midho ah, hase yeeshe, qayb aad u yar ayaa la goosan karaa. Taas waxa ugu wacan iyada oo xooluhu iyo nooleyaal kale cunaan ka hor intii aaney gaadhin bislaanshiiyo. Waxa weliba dheer, goynta aan loo miidaan deyin ee dhirta Yicibta oo laga goosto sarab wax lagu dhisto ayaa ka yeelsiinaysa geedgaabkani inuu noqdo mid halis ku sugan. Xogtan sidan ah waxa garwaaqsaday xukuumaddii hore ee Soomaaliya, oo ku tirisay geedgaabkan kuwa ay goyntooda iyo gubistooduba tahay lamataabtaan. Xilliyadii 1980-aadkii ayaa la seeray (la ooday) dhul cabbirkiisu dhan yahay 25 hektaar oo ka mid ah hoyga rasmiga ah ee Yicibta – dhulkaas oo ku yaallay meesha la yidhaahdo Sallax Dhadhaab oo u dhexeysa Beledweyne iyo Dhuusa-ma-reeb, si loogu ilaaliyo geedgaabkan. Guud-ahaan, geedgaabkani adkaysi xoog leh ayuu u lee yahay cimilada qarfo-u-eegaha ah. Xilliyadii abaartii xumayd ee Daba-dheer (1973-1976), Yicibtu wey kasoo doogtay, hase yeeshee wax ubax ah iyo midho toona mey bixin gugii ku xigay.

Ka gadaal gu'yaal badan oo dagaallo dalka halakeeyeeyn, geedgaabkani waxa uu ku sugan yahay saansaan adag oo ku riixi karta in la dabar jaro – sababo la xidhiidhi adeegsi xad dhaaf ah iyo dhowris-la'aan awgood. Waxa baahi weyn loo qabaa in la sugo inaanu geedgaabkani ka tirtirmin hoygiisa rasmiga ah, iyo in la sii joogteeyo dheeftiisa dhinacyada badan leh ee uu u lee yahay dadka iyo xoolahaba. Waxa aan ku boorrin lahaa hay'adaha horumarineed (siiba kuwa gudaha ee daneeya arrimaha deegaanka) ee ka hawl gala gobollada Hiiraan iyo Mudug, iyo Kililka Shanaad inay ugu yaraan seeraan (oodaan) dhul yar oo ay ku taallo Yicibtu si aanay u tafiirgo'in. Beerista Yicibta iyo soo xerogelinteeda ayaa doorasho kale ah. Iyada oo lagu tijaabiyey meelo kale, beeristeedu waxa ay joogteyn doontaa sii jiritaanka geedka iyo weliba abuuris il dhaqaale oo cusub iyo nafaqoba.

Khayraadkii Baddeenna waa la Boobayaa

"Kulligood addoomaha rabboow qaybsha kibistiiye
Qof kastoo kabtiya ama kallaha ama kur dheer fuula
Bad kalluun ku jira kolay ku tahay amase koob shaah ah
Ninba kadabkii loo qoray Ilaah wuu la kulansiine
Inaan ruuxna soo korodhsanayn kaa ha la ogaado"
_____ Ismaaciil Mire

Qoraallada aan ku soo ururiyey buuggani waxa ay taabanayaan dhinacyo kala duwan oo ku saabsan arrimaha deegaankeenna. Waxa se uu akhristuhu dareemi karaa in ay ku yar yihiin kuwa ka hadlaya deegaanka badaheenna. Taas looma arki karo inaaney baduhu u bow dheerayn (u muhiimsanayn) sida berrigeenna; hase yeeshee kol haddii saldhigga koowaad ee aadamuhu yahay berriga, kolba sida aynnu ka yeelno berriga ayuun beynnu ula dhaqmi doonnaa badaheenna. Haddii aynnu garanno inaynnu dhowrno, ilaalinno ama daryeelno sabooyinka berrigeenna, muran kama jiro inaynnu, sidoo kale, daryeeli doonno khayraadka badaheenna.

Dhaqan-ahaan, bulshada Soomaaliyeed mey ahaan jirin bulsho bad maal ah ama badda wax kala soo baxda. Aqoonta awoowyaasheen u lahaayeenna wey koobnayd. Waa taa ay kalluunka dad cunka ah ugu yeedhi jireen "Libaax-badeed". La-yaabna mey lahayn, waayo, sida uu libaaxu u yahay "boqorka" duur joogta berriga ayuu libaaxbadeedkuna u yahay "boqorka" noolaha badda.

Soomaalidu waxa ay leedahay xeebta ugu dheer Africa (hilaaddii 3,300 km) waxaanay badaheennu ka mid yihiin shanta goobood ee adduunka ugu hodonsan dhinaca kalluumeysiga. Xaddiga kalluun ee tirada badan leh waxa lala xidhiidhin karaa wareegga firfircoon ee biyaha badda (*upwelling*) ee geeska waqooyi-bari ee Soomaaliya oo keentay in aaggaas kalluunku ka heli karo cunno badan, markaasna si xoog leh ugu soo ururo.

Sidaas oo ay tahay, saansaanka ba'an ee ka jira berriga ee ka dhashay si-xun-u-adeegsiga khayraadka dabiiciga ah oo ay weheliso baahiyaha nololeed ee dadka ee sii badanaya ayaa dhalisay in aynnu indhaheenna u jeedinno dhinaca badda. Doorroonaanta ay leedahay in dadka Soomaaliyeed la baro inay nafaqo heer sare ah ka raadsan karaan badaheenna waxa xilli hore garwaaqsaday taliskii Dawladdii Soomaaliya. Dawladdaas hore waxa ay hawl gelisay maraakiib kalluumaysi oo shaqo geliyey in ka badan 30,000 oo qof, isla markaana ku foofidda kalluumeysi waxa uu wax-soo-saarka wadareed ee dalka ku soo kordhin jirtay 2% sannadkiiba. Dagaalladii dalka ka qarxay, laga soo bilaabo 1988kii, ayaa jilbaha u riday kaabeyaashii kalluumaysi – haddii ay yihiin wadaagayaashii (*sectors*) kalluumaysatada yaryar iyo kuwii wershadeedba. Waxa cagta la mariyey (baaba'a laga yeelay) qaboojiyeyaashii, geerashyadii dayactirka, iyo wershaddii Laas Qoray.

Baddii waxa ay noqotay meel si jaantaa-rogan ah loo boobo, oo meel kasta la isaga soo habar wacdo, iyada oo aan la xeerinayn habboonta xilliyada kalluumeysiga (si loo dhowro tarantiisa). Halista ugu weyni se waxa ay tahay kalluumeysiga baaxadda weyn leh ee aan sharciga waafaqsanayn ee maraakiibta kalluumeysigu ka wadaan badaheenna – iyaga oo weliba si toos ah u soo galay gudaha 12-ka mayl ee xeebta soo xiga ee ay inta badan wax ka taransadaan, kana hawl galaan kalluumeysatada yaryari.

Qaar badan markaakiibtaas kalluumeysi waxa ay si u tudhis-la'aan ah u burburiyaan shacaabigii iyo meelihii uu kalluunka ku tarmi jiray – iyaga oo adeegsanaya qalab aan ku habbooneyn, adduunweynuhuna ka dhigay lamataabtaan in loo adeegsado kalluumeysi, iyo weliba qaraxyo badda gudaheeda lagu sameeyo si kalluunka iyo noolaha kaleba laga caydhiyo gabbaadkooda.

Arrintani waxa ay dhaawac halis ah ku keeni kartaa, ugu horrayn, nolosha kalluumeysatada yaryar iyo guud-ahaan tayada nololeed ee dadka Soomaaliyeed – mid jooga iyo mid dhalan doonaba. Waxa taas ka sii daran sida xulashada ku salaysan ee ay u kalluumaystaan maraakiibtaas iyo doonyahaas u timid inay boobaan khayraadkeenna, iyaga oo wax Alle wixii ay shabaagtoodu soo qabato aan wada qaadan ee kala dhex baxa uun jaadadkii ay doonayeen uun (siiba kuwa ganaca[69] adag) inta soo hadhayna badda ku daadsha iyaga oo bakhti ah.

Tallaabooyinka lagu joogtayn karo wax-soo-saarka kalluunka, waxa ka mid ah in aan la adeegsan shebag uu cabbirka daloolkiisu ka yaryahay cabbir caalami ahaan la isla oggolyahay, oo loogu talo galay in uu kalluunka cayddiga ahi (yaryar) uu ka dusi karo, si uu tiro-ahaan iyo tayo-ahaanba goor kasta u soo kabto kalluunka. Waxana loo baahan yahay in lagu ilaasho, laguna kormeero in maraakiibta kalluumaysigu ay qabatimaan hannaankaas. Ayaan darro se, xitaa haddii ay jiraan siyaasado loo dejiyay in ay joogteeyaan hababka wanaagsan ee loo kalluumeysto ee aan deegaanka dhib u lahayn, hay'adaha iyo wasaaradaha u xil saarani ma laha awood ku filan oo ay ku fuliyaan shuruucdaas. Sidaas daraaddeed, waa ta keentay in tiradii kalluuunka ee badaha carriga Soomaaliyeed uu aad hoos ugu dhacao.

Caalami-ahaan, dawlado badan ayaa qabatimay qaab lagula tacaalayo hoos u dhaca ku yimaadda tirada iyo tayada kalluunka badahooda. Tusaale-ahaan, dalalka Midowga Yurub waxa ay lee yihiin siyaasad loo yaqaan "Common Fisheries Policy" oo ay ka siman yihiin dalalkaasi. Siyaasaddaasi waxa ay qeexaysaa qoondaynta dal walba loo oggol yahay ee ay badda kala soo bixin karaan, iyada oo weliba ku salaysan jaadadka kala duwan ee kalluunka.

Dhinaca kale, hadhaaga kiimiko ee wershadeed iyo qashinka awoodda nukaleerka ayaa la sheegaa in lagu xooro (qubo) badaheenna iyo xeebaheennaba. Arrintan oo

---

[69] Ganac adag = qaali

faldembiyeed weyn ah, waxa ka dhalan karta cidhibxumo weyn oo raadeyn sugan ku yeelan karta nolosha dadka, duunyada iyo deegaankeennaba.

Dhibaatada ku habsatay deegaanka badaheenna waxa u sal ah kala daadsanaan maamul iyo dawlado jilicsan oo ka jira dhulkii la isku odhon jiray Soomaaliya. Sida uu khayraadkii dabiiciga ahaa ee berrigu uququl u sii noqonaayo ayaa si la mid ah uu burbur xoog lehi uga socdaa kii badaheenna. Budhcadnimada kalluumeysi ee caalamiga ah ee ka socda badaheenna waxa marar badan u fududeeya maamulladeenna oo gacanta u geliya oggolaanshiyo, iyaga oo aan, isla markaa, lahayn awoodihii ay ku kormeeri lahaayeen habdhaqanka maraakiibtaas. Waxa ay se runtu tahay, dakhliga yar ee la fili karo in maamullada kala geddisani ka helaan kalluumeysigaas baaxadda weyn leh in aanu noqon karin mid u dhigma dhaawaca gaadhaya khayraadkeenna badeed.

Xidhiidhka ka Dhexeeya Abaaraha iyo Dhir-xaalufinta

Bullooy!
Meel bur caws ah leh,
Oo biyo u dhow,
Baadi goobyoo,
Biciidkuba waa.

_____ Hees-howleed

Xaaladaha degdegga ah ee gurmadka u baahan, kana dhaca carriga Soomaaliyeed, ayaa noqday qaar si joogto ah u soo noqnoqda. Haddaba, iyada oo tabihii iska-caabbigu (_coping mechanisms_) ee bulshooyinka kala duwani kagala hor tegi lahaayeen dhibaatooyinkaas ay sii wiiqmayaan, ayaa raadeynta abaarahaasi ay noqdaan qaar aad u daran oo si mug leh u taabanaaya noloshooda.

Marka ay dhacdo xaalad degdeg ah oo u baahan wax-ka-qabasho ayay xilwadeennada xukuumadeed iyo hay'adaha qaabilsan aafooyinku yeedhiyaan qaylodhaan. Hanti ayaa la ururiyaa oo lagu saydhsaydhaa bulshooyinka dhibaatadu haleeshay. Hase yeeshee, waxa dhacda in saansaan la mid ah kii hore la arko gu'ga ku xiga, iyada oo aan wax tabaabusho ah laga samaysan oo sidii uun loo kala daadsan yahay.

Gargaarka degdegga ah ee ku aaddan aafooyinka, inta badanna loogu yeedho "nolol-badbaadin", sida biyodhaamiska oo kale, badiba cidi isma weyddiiso waxyaabaha keenay abaaraha iyo in tabaashushe laga yeesho iyo in kale, waxaanay howlgalladaasi noqdeen howlo xambaarsan kharash badan oo sannadle ah. Saas daraaddeed, hay'ado badan ayaa u muuqda inay ka gowsadaygaan ama ka warwareegaan inay si wax-ku-ool ah wax uga qabtaan dhibaatooyinka ay keenaan xaaladahaas oo kale.

Waxa ay iila muuqataa in la soo gaadhay xilligii ay hay'adaha horumarineed iyo qorsheeyeyaasha dawladeed ay falanqayn lahaayeen waxyaabaha dhaliya inay abaaruhu noqdaan qaar ay saamayntoodu darnaadaan. Erayga 'abaar' waxa lagu qeexaa sidan: Waa xilli fidsan oo noqon kara bilo ama dhowr iyo in ka badan oo ay weheliso saansaan biyo yari ahi. Aalaabana waxa ay dhacdaa abaartu marka uu gobol ama degmo helo qoyaan (roob, dhedo, ceeryaan) ka yar intii hore loogu yiqiinnay.

Waa arrin sugan in dhulka ay Soomaalidu degto iyo guud-ahaan Geeska Afrikiba uu yahay dhul ay abaartu ku soo noqnoqoto. Waxa kale oo doorroonaanteeda leh in aynnu hoosta ka xarriiqno in dhirxaalufinta ba'ani tahay waxyaabaha ugu mudan ee keena abaaraha. Dhuxulaysiga, qoryaha wax lagu dhisto, oodashada iyo seeraynta dhulka ayaa kaalin weyn ka qaataa xaalufinta dhirta.

Dhuxulaysigu waxa uu reer guuraaga dhaxalsiinayaa saboolnimo, marka daaqa dhulka laga dhammeeyo, xooluhuna u dhintaan cunno yari iyo xanuunno. Xoolodhaqatadu waxa ay u taag la'yihiin inay wax ka qabtaan keligood dhuxulaysiga – iyada oo ganacsatada dhuxushu dhallinyaradii miyigii u fidiyaan sahay joogto ah oo ka kooban Qaad iyo raashin ay goobohooda shaqo ugu diyaarshaan, si ay dhirta dhuxul uga diyaarshaan.

Dhulka oo la xaalufiyaa waxa ay horseed u tahay cidhibxumo iyo aayo-la'aan deegaan, sida:

1. Daaqa xoolaha oo yaraada (geed sare iyo mid hooseba)
2. Dhulka oo biyaha qabsan waaya, kuna dhammaadaan socod iyo qulqul, isla markaana ay dabaysha iyo milicdu engejiyaan. Biyaha roobka ee ku dhaca dhul aan geed iyo caws toona lahayni waxa ka dhasha in

dhulku dirri noqdo, kolkaasna biyaha iyo xididada dhirtaba waxa ku adkaada inay dhulka hoos u galaan.

3. Kala-duwanaanshaha noole oo uu ku yimaaddo hoos-u-dhac.

4. Cimilo-goobeed (*mirco-climates*) aan la mahadin oo is-bedbeddel badan, sida kulaylka, roobka iyo dabaylaha.

5. Doorkii nuugitaanka dhirta ee kaarboon-2-ogsaydh oo yaraada, naqasyada cagaaranina ay ku biiraan hawada – taasoo dhalisa diirranaanta arlada iyo raadeynteeda taban;

6. Ciidguurka iyo samaysanka boholaha oo kordha.

Haddaba, maaraynta dhibaatada xaalufinta dhirta ayaa fure u noqon karta hoos-u-dhigista raadeynta abaaraha.

Somaalidu inta badan magac ayay u bixiyaan abaar kasta oo daran. Tusaale ahaan, abaartii ka dhalatay roobabkii gu'ga 2009 oo la waayay, magaca ugu caan san ee loo bixiyey waxa uu ahaa Garowle. Dhacdadaasi waxa ay muujinaysaa in markii ugu horraysay sooyaalka soo jireenka ah ee Soomaalida in xoolihii lagu quudiyay garow (mesaggo) kaddib markii ay xaab dhulka ka waayeen. Sidoo kale, waa markii ugu horraysay ee dad iyo xooloba cunno isku mid ah quutaan! Dhacdadani waxa ay tilmaan u tahay heerka uu gaadhay gabaasiga daaqu.

Iyada oo aalaaba xoolodhaqashadu dhaqaalaha Soomaalida lafdhabar u tahay, dhaqanka dadkuna intiisa badani kasoo jeedo habnololeedka reerguuraanimo, xasuuqa dhirta ee aan kala go'a lahayni waxa uu raad fool xun, mid ammin dhow iyo ammin dheerba leh, ku yeelan doonaa nolosha Soomaalida.

Arrinkani waxa uu u baahan yahay waxqabad xooggan oo ay ku tallaabsadaan xilwadeennada dawladeed oo kaashanaaya hay'adaha horumarineed iyo bulshadaba si ay ula tacaalaan xaalufinta dhirta haddii la doonayo in, si ka-go'naansho ku jiro, in wax looga qabto dhibaatada abaaraha, isla markaana loo yarayn lahaa nuglaanshiiyaha bulshooyinka reerguuraaga ah iyo ku beeralayda ahba, balse aan la sugin, dhacdo kale oo abaareed.

22

Malabka: Sidee ayaad u hubin lahayd badhax la'aantiisa?

Dacartuba marbay malab dhashaa ood muudsataa dhabaq
e;
Waxan ahay macaan iyo qadhaadh meel ku wada yaalle
___ Tixdani waxa ay qayb ka tahay gabaygii *"Macaan iyo Qadhaadh"* ee Axmed Ismaaciil Diiriye (Qaasin)

Hoos-u-dhaca xaddiga shinnida ee carriga Maraykanka iyo Yurub – oo ka dhashay waxa ay ay dad xeeldheereyaal ahi u bixiyeen "Asqowga iyo kala-daadashada xoonka shinnida", korodhka qiimaha malabka iyo xaddigii malabka oo yaraanaya awgood, waxa ay arrimahaasi hunguri geliyeen qaar ka mid ah shinnidhaqatada iyo kuwo ka mid ah shirkadaha cuntooyinka farsameeya inay iibiyaan malab la farsameeyay. Malaabkaas waxa lagu daraa macaaneeyeyaal jaban (*inexpensive sweetners*) sida miidda gallayda (*corn syrup*) iyo waxyaabe kale. Haddaba malabka sidan oo kale loo farsameeyaa waa mid aan laga garan karin malabka badhaxa la' – muuqaal ahaan, xag samays iyo xag kiimikoba. Sidaas awgeed, malabka jaadkan oo kale loo diyaariyaa waxa uu galaa suuqyada ganacsiga, waxaanuu dadka ku dhaliya kuna keenaa jirrooyin kala duwan.

1997-kii, waxa dalka Shiinaha ka dillaacay aafo xanuun oo saameeyay shinnidii dalkaas, isla markaana si aad ah hoos ugu riday xaddigii malabka. Taasina waxa ay ku xambaartay shinni-dhaqatadii inay kala doortaan laba arrimood midkood: Inay baabi'yaan shinnidoodi oo laayaan, iyo in ay adeegsadaan dawo ka laysa cudursidahaas. Waxayna doorteen inay adeegsadeen dawada Kolorofinikol. Dawadani waxa ku jira sumo dadka waxyeelleeya, waxaana la adeegsadaa oo keliya, marka la maaraynayo xanuun nafta halis geliya, weliba marka la waayo dawo kale oo lagu xakameeyo xanuunkaas.

Malabka suuqyada Yurub iyo Maraykanka lagu iibiyo
waxa la ogaaday inay ku jirto dawadaasi, taasina waxa ay
keentay in la joojiyo soo-dhoofsashada malabka ka
yimaadda dalka Shiinaha. Taasi se ma ay noqon hab lagu
joojiyo malabkaas la farsameeyay ama la badhxay ee
suuqyadaas gelaya. Waxa abuurmay qaab ganacsi oo
baahsan oo loo yaqaan Dhaqista/Maydhitaanka Malabka
(*honey laundering*). Tani waa farsamo aan dhaqanka
suubban ee ganacsi waafaqsanayn oo malabka aan saafiga
ahayn lagu iib geeyo. Tusaale-ahaan, malabka la
farsameeyay ayaa la sii mariyaa dal dhexe, inta aanu
gaadhin dalka loo wado, halkaas oo lagu farsameeyo isla
markaana lagu dhejiyo laguna sunto qoraal (*labelling*)
muujinaysa in malabkaasi yahay wax-soo-saarkii dalka
gacanta labaad ah ee lagu sii farsameeyay. Taasna waxa
looga jeedaa in kalsoonida shirkadaha iyo dadka
iibsadeyaasha ahi lagu dhiso, iyaga oo u qaata (is
moodsiiya) inuu malab badhax la' yahay.

Haddaba weydiintu waxay tahay: Sidee baa qof u garan
karaan saafinimada malab uu doonayo inuu iibsado?

Waa weyddiin ay dad badani is-weydiiyaan. Waxa aad
maqli kartaa dad ku odhanaaya waxa aad adeegsataa
hababkan soo socda si aad u hubsato saafinimada malabka:

- Dhex geli malabka qori kabriid (tarraq) dhinaciisa
  baaruudda leh. Kolkaasna kasoo saar, kuna xog
  sanduuqa tarraqa. Waxa aad arki doontaa, haddii uu
  badhax la' yahay, isaga oo baxay (shidmay) qori
  kabriidkii.

- Haddii aad waraaq *kiliinigis* ah (*soft tissue paper*) korka
  ka saarto malabka, wax qoyaan ah kuma arki doontid
  ama malabku kama gudbi doono.

- Dhibic malab ah ku tif sii dhulka meel ciid niis ah.
  Haddii aad aragto inuu si baahsan ciidda u dhex galay,
  waxa aad malabkaas u aqoonsan kartaa inuu yahay

mid la farsameeyay. Haddii se uu sida kubadda oo kale isu kuuso, waxoogaa ciid ahna kor ula soo kaco, waxa aad u ogsoonaataa inuu noqon karo malab badhax la'.

Saddexdan arrimood ee kor ku xusan waxa keli ah ee ay tilmaan ka bixin karaan waa xaddiga qoyaanka (*moisture*) ee ku jira malabka, balse ma aha mid lagu ogaan karo inuu malabku badhax la' yahay iyo in kale. Jaadadka malabka kala duwani waxa ku jira xaddiyo kala tagsan oo biyo ah. Marka ay xaddiga biyuhu ku badan yihiin waxa suurto gal ah in tijaabooyinka kor ku xusan oo dhammi ay shaqayn waayaan, iyada oo weliba laga yaabo inuu malab badhax la' yahay.

Haddaba, siyaabaha uga maangal san ee loo garan karo inuu malabku yahay mid aan la been abuurin waa kuwan:

• In uu jiro shaybaad la xidhiidha baadhitaanka badhax-la'aanta malabka.

• Waayo'aragnimo oo shinnida iyo malabkeeda ah taas oo aad ku garan karto dhadhanka malabka saafiga ah.

Weydiin kale waxa ay tahay: Haddii Malabku xarkago, ma odhan karnaa waa malab saafi ah?

Malab oo dhammi wuu xarkagaa, weliba waa uu ka sii xag jiraa marka aan la diirinin, lana shaandaynin. Ha yeeshee qaarkood waa ka hor dhagaxoobi og yihiin kuwo kale. Wuu se kala fadhiisan ogyahay. Waxaanay ku xidhan tahay jaadka manka iyo miidda ay shinnidu soo gurto. Dhagaxowga (*granulation*) malabku waa marka uu malabku kasoo fadhiisto weelka guntiisa. Malabku waa dhagaxoobaa marka uu rib noqdo (*super saturated*). Maxaa yeelay, nisbadda sonkorta ayaa aad ugu badan (in ka badan 70%), biyaha ku jiraana waxa ay ka yar yihiin 20%. Marka ay biyaha ku jiraa yaraadaanba, waxa badanaya fursadda uu malabku ku dhagaxoobi karo. Malabka dhagaxooba waxa si xooggan u door bida dadyowga reer Galbeedka ah (Reer Yurub iyo Maraykanka). Malabka dhagaxooba waa uu ku fiican yahay in si fudud loo marsado furinka. Waxa kale oo ka qayb qaadan kara in malabku dhagaxoobo goobta lagu kaydiyo iyo weliba weelka lagu kaydiyo. Tusaale-ahaan, malabka caagadaha lagu kaydiyaa waa ka hor xarkagi og yahay ka dhalooyinka lagu shubo.

23

Aniga iyo Geedcadaygaygii

"Haddii aanay culays weyn ku ahaanayn Rumeeyeyaasha
(mu'miniinta), waxa aan fari lahaa inay adeegsadaan
caday (rumay) ka hor Tukasho (Salaad) kasta"_____
Xadiith Nabawi ah

Geedcadaygu (*Salvadora persica*) waa geed xilli kasta
cagaaran, dhererkiisuna gaadho 6-7 mitir.
Hoydeegaankiisu (*habitat*) waxa uu ku fidsan yahay,
badnaana laga helaa dhulalka qallaylka ah ee Afrika,
Bariga Dhexe iyo Hindiya-Baakistaan. Geedkani waxa uu
si fiican ula jaan qaadaa ciidda ay cusbadu ku badan tahay.
Caleentiisu wey kala jiidan tahay oo dhinac ayay u dheer
tahay, waana cagaar madow xiga, qaro iyo foocsanaanna
waxoogaa ah leh, oo biyaha ku jiraa ay gaadhayaan 15-
35%. Waxa ay caleentu, sidoo kale, hodan ku tahay
macaadin. Midhaha geed-cadaygu waa ay wareegsan
yihiin, waana shilis yihiin, dhexroorkooduna (diameter)
waa 5-10mm, midabkooduna waa casaan furan marka ay
bislaadaan, waana iniin-keliyaale. Jirriddu waxa ay
yeelataa qalqalooc, badina kama ballaadhnaato
dhexroorkeedu (diameter) 35 cm. Midabka diirka geedku
waa caddaan, cardhafna wuu leeyahay. Magaciisa cilmiga
ah (*Salvadore persica*), waxa uu baxay 1749kii iyada oo lagu
maamuusay bogsiiye-dhaqameedkii magaalada
Barsaloona (Spain), Juan Salvador y Bosca; waxaana u
bixiyay Dr. Laurent Gacin oo ahaa dhir-aqoon, socdaal-
yahan iyo dhir-ururiye. Sida laga dheegan karo magaca
cilmiga ah ee geedka, muunadda magacu ku baxay waxa
laga keenay Beershiya (Iiraan).

Geedcadaygu waxa uu caan ku yahay ilkaha oo lagu
cadaydo (rumaydo). Waxa la rumaysan yahay inuu tirtiro
huurada, naqaska/neefta afkana wanaajiyo. Caleenta
geedku waa daaq wacan oo ay toos u daaqaan riyaha iyo
geelu, waxaana la sheegaa inay caanaha naaska badiyaan,

hase yeeshee dhanaanka ku badan caleenta ayaa raadeeya dhadhanka caanaha. Ubaxiisa shinnidu man ayay ka gurataa, qoryihiisana mararka qaarkood waxa loo adeegsadaa xaabo iyo dhuxul. Hase yeeshee xaabadiisa hilibka laguma kariyo, maxaa yeelay, ur aan fiicnayn ayay ku reebaan. Beeraha gudahooda marka lagu beero, waxa uu ciidda ka yareeyaa cusbada. Haddii la gooyo, dib ayuu u fiili og yahay, laamaha kolba waa la jaraa si ay u soo baxaan laamo xawdh ah oo dhexroorkoodu (diameter) yahay 3-5 mm laga goosan karo ul-caday.

Bal weydii qof Soomaali ah: "Geedkee ayaa kuugu mudan dhirta?" waxana ay eraycelintu u dhowaan kartaa "waa geed-cadayga". Iyada oo ul-cadayga laga goosan karo dhir kale oo badan, haddana geedkani cadaygiisa wax la barbar dhigi karo (ama lala maseeyo) ma jiraan, waxaana loogu yeedhaa "Afwanaaje" – raadka fiican ee uu afka kaga tago awgeed. Cadaygu waxa u la jaal yahay qof kasta oo Soomaali ah, siiba dadka cibaadaysiga badan. Waxa la arkaa isaga oo kasoo jeeda jeebka sare, ama afka lagu haysto. Waayadii hore, xilligii aanay inna soo gaadhin dharka reer Galbeedka ee jeebadaha lehi, waxa cadayga la arki jiray isagoo sudhan ama ku jira dhegta korkeeda.

Haddii aad ul caday u fidiso qof kale (haddii aydin is taqaannaan iyo haddii kaleba), waxa uu loo fidiyuhu (qaatuhu) u arkaa soo dhowayn, jaallenimo (saaxiibnimo) iyo tibaaxid gacanfurnaan, oo aanu qaatuhu sinaba u diidi karin, bixiyuhuna (fidiyuhuna) sina u filanayn in lagu diidi doono. Bal tusaalehan waxa aad barbar dhigtaa qof reer Galbeed ah (reer Yurub iyo Ameerika) oo sidan oo kale yeela, oo u fidiya burushka ilkaha qof kale (ama ha yaqaanno ama yuuna aqoon e). Waxa aan muran ku jirin in loo fidiyuhu falkaas u qaadan karo meel-ka-dhac iyo adyad!

Iyada oo si xoog leh dhowaalahan suuqyada lagu arki karo burushyo iyo dhiiqooyinka ilkood oo kala duwan, haddana adeegsigii baahsanaa ee cadaygu waa ii soo kordhay. Qofka Soomaaliga ah ee u socdaalaya dibedda waxa uu sii qaataa xidhmo caday ah, oo cidda loo geeyo u noqota hadyad qiimo leh.

Qof-ahaan, waxa aan in badan dooni jiray inaan beero oo tarmiyo geedkan heerka sare ah, dabadeed dadka kale u qaybiyo si ay ugu beertaan guryahooda, aniga oo ku abdo weynaa (rajo weynaa) in Eebbe (sarree oo korreeye) iga abaaliyo falkaas wanaagsan. Waxa aan gudo galay isku-daygeygaas gu'gii 2002, hase yeeshee, waxa ay igu qaadatay shan gu' oo kale ka hor intii aanan ku guulaysan inaan helo dhowr iniinyood – kuwaas oo aan ku biqliyey xayndaabka (deyrka) gurigayga ku yaal.

Dhowr gu' ka hor intii aanan ku guulaysan biqlinta iniinyihii cadayga, mar Allaaliyo markaan miyiga u baxo, haddii aan la kulmo geed-caday, siiba xilliga Xagaaga ah oo ay dhir badani midhaysato, sinaba umaan dhaafi jirin, laga yaabee inaan iniinyo ka helo. Hase yeeshee waxa aan ka dhaqaaqi jiray aniga oo faro madhan. Gu'yaashaas aan baadigoobka ku jiray, waxa i dhakofaariyay maqnaanshiiyaha iyo la'aanta iniinyaha cadayga. Weliba waxa aan dadka qaarkood ka maqlay iyaga oo leh "geedku iniinyoba ma leh", hase ahaatee aragtidaas maan heshiis kula ahayn. Mararka qaarkood, laamaha rambadhsan ee dhulka ku dhegsan ayaan ka dhex raadin jiray, bal inay dhulka aan ka helo qaar qallalan.

Haddaba waxa dhacday arooryo xilligu yahay Xagaa, bishuna tahay Juun (2009), arrin aanan filanayn oo guntinguntin u furfuray arrintii madax i daalisay ee ahayd "maqnaanshiiyaha midhaha geed-cadayga". Sidan baanay wax u dhaceen:

Mid ka mid ah dhirtii aan beeray oo xayndaabka gurigayga gudahiisa ku yiillay ayaa hore u ubxiyay, kaddibna midhihii bixiyay. Waxa aan dhowri jiray iniinyahaasi inay bislaadaan, kormeerkayguna waxa uu ahaa mid joogto ah oo maalinle ah. Haddaba aroortan bilicsan, kaddib markii aan tukaday faralkii tukashada arooryo, oo aan weli sariirtii ku sii dhacadiido,[70] ayaan mar qudha uun maqlay ci shimbirood oo aan u maleeyay jaadka ay Soomaalidu u taqaanno "Yaryaro". Shimirahaasi waxa ay lee yihiin cod fiiqan marka loo barbar dhigo jibidh[71] yaridooda... *jiiq..jiiq..jiiq...* Wixii ugu horreeyay ee maankayga kusoo dhacay waxa uu ahaa, sida dhaqanka Soomaalida kusoo aroorta, bal in ay mas ama xamaarato kale oo soo galay guriga ku ciyayaan (shimbiro-waaqlaynayaan). Hase yeehee, markii aan kasoo baxay qolka hurdada, Aal! Bal daya! Show koox shimbiro ah oo aanay tiradoodu ka yarayn 30 ayaa fuushan geedkaygii, oo si hamuun[72] leh u daldalanaaya midhahaygii. Kaasi waxa uu ahaa muuqaal xiiso leh oo haddana af-kala-qaad i geliyay, aniga oo aan waxba ka qaban karin shimbiraha la sii haadaya (duulaya) midhahaygii.

Dhinaca togan haddii aan waxa ka eegay, waxa aan naftayda ku dejiyay ogaanshiiyaha ah in falka ay ku kaceen shimbiruhu uu la jaan qaadsan yahay sunnooyinka dabiiciga ah ee Eebbe (sarree oo korreeye) u dejiyay kawnkan. Shimbiruhu marka ay cunaan midhaha, oo iniinyuhu sii dhex maraan calooshooda, ayna saxaroodaan, iniinyahaasi wey bixi og yihiin, iyada oo habka dheefshiidku   iniinyaha   ka   xuubiyo   dahaadh dhego'adkaysiiya   bixitaanka   iniinyaha   (*germination inhibitors*).

Muuqaalka shimbiraha fuushan geed-cadaygaygii waxa uu i xasuusiyay tusaalihii Geedka Khardalka ahaa ee ku

---

[70] Dhacdiido = Dhabar u jiifo

[71] Jibidh = qaro. Qof jibidh (jimidh) yar = qof dhuuban, oo aan laf dheerayn.

[72] Hamuun = cunto aad u rabid

qornaa Kitaabka Baybalka[73], geedkaas oo ay dhir-aqoonka (botanists) qaarkood ku sheegaan geed-caday. Waxa kale oo ay cidoodii arooryada hore i dareensiisay "tasbiixdooda" anoo xasuustay Aayaddii Qur'aanka ahayd ee ulajeeddadeedu u taallay sidatan:

> " Miyaadan ogayn in Eebbe ay u tasbiixsadaan waxa ku sugan Samooyinka iyo Dhulka iyo shimbiraha oo (fidsan) safan, mid kastaana wuu og yahay Salaaddiisa iyo Tasbiixdiisa. Eebbe waa og yahay waxay fali doonaan".
> (Qur'aanka: An-Nuur: 41-42)

Ugu dambayn, kol haddii uu furfurmay halxidhaalihii ama maskaxdaaliyihii "maqnaanshiiyaha iniinyaha geed-cadaygu", wax kale oo ii hadhay ma uu jirin, oo aan ahayn inaan dejisto tabtii aan kaga badin lahaa (kaga sayid-calayn lahaa) shimbirahaas, si aan u goosto midho kale. Waxa aan soo iibsaday shebeg-kaneeco bir ah (*mosquite wire mesh*), waxanaan u googooyay qaybo intiiba le'eg tahay in lagu xidhi karo laan ubax xambaarsan. Sidaasbaan ku helay iniinyo tiro badan oo iigu filan inaan rumeeyo rabitaankaygii ahaa inaan tarmiyo, dabadeedna dadka u qaybiyo.

---

[73] "Boqortooyada Jannadu waxay u eg tahay iniin Khardal, tan uu nin qaaday oo beertiisa ku beeray. Taas waa ka wada yar tahay iniinyaha oo dhan, hase yeeshee goortay weynaato, way ka wada weyn tahay dhalatada oo dhan oo waxay noqotaa jeed dheer si ay **shimbiraha cirku u yimaaddaan oo laamaheeda ugu degaan**" Matayos:13:31-323

24

Buurta Ribshiga (ama Jasiiradda Maydh)

"Ma uu jiro xayawaan arlada korkeeda ku nool, ama noole ku haada (duula) baalalshiisa, oo aan qayb ka ahayn bulshooyin sidiinna oo kale ah"

_____Qur'aanka Kariimka ah: 6:38

Buurta Ribshigu waxa ay magaalada Maydh, ee ku taal xeebta Sanaag, kaga qumman tahay meel-u-jeesadka (jihada) waqooyi bari, waxanay u jirtaa hilaaddii 13 kiilo mitir. Dhererka jasiiraddu waa ilaa 1.5 km, ballaca meesha ugu ballaadhanina waa ilaa 300 mitir. Jasiiraddu waxa ay u taal ama u dhereran tahay jihooyinka bari-waqooyi-bari iyo galbeed-koonfur-galbeed.

Jasiiraddu waa meel door ah oo ay shimbiraha baddu ku tarmaan. Gu'gii 1946 waxa lagu qiyaasay tirada shimbiraha lagu arkay Jasiirada Mait 100,000[74] oo shimbirood, ayaandarro se, waxa la arkayay inay tiradaasi kolba hoos u sii dhacaysay. Jasiiradda wax dhir ah oo ku yaalla ma jiraan, waxa se la arkaa inay ku nool yihiin jiir[75] iyo masas – kuwaasoo cuna ukunta shimbiraha.

Qoraalkan soo socda waxa qoray deegaan jire Cabdi Cali Jamaac, madaxa hay'ad samafal oo la yidhaahdo Nature Somaliland, oo hay'addiisu abbaarto arrimaha dalxiis-deegaanka (eco-tourism), aqoonbaadhis iyo dabagalka, ka war-haynta iyo u ololeynta ilaalinta shimbiraha. Abdi waxa uu booqday jasiiradda bilowgii 2008kii – isagoo ku

---

[74] North, M.E.W. : Mait Island – a bird rock in the Gulf of Aden ibis 88:478-501

[75] North, M.E.W. waxa uu xusay in jiirku cuno ukunta shimbiraha - ibid

gudo jiray sahamin ku saabsan shimbiraha xeebaha Somaliland. Waxa aan ka codsaday Cabdi in uu qoraal kooban ka diyaarsho buurta Ribshiga, kol haddii uu booqday, isla markaana aanan filaynin inay jiraan cid kale oo kaga wanaagsan ka warranka qodobkan gaarka ah. Waana kan qoraalkiisu:

"Waxa ay hay'adda *Wetlands International* na guddoonsiisay sannadkii 2008kii mashruuc goonnidiisa gaar u ah – kaasoo ah inaannu xeebta Somaliland kaga sahaminaynay shimbiro. Doon yar baannu ka raacnay Berbera, waxaanay nagu qaadatay shan maalmood inaannu gaadho Buurta Ribshiga. Haddaba xiisahii iyo filashadii aannu nafahayagu ugu yididiilaynaynnay waxa ay noqodeen qaar rumooba kolkii aannu milicsannay quruxdii heerkeedu sarreeyay ee Jasiiradda Maydh, Ribshiga ama aan idhaahdo 'Dhagaxii' weynaaba.

Samaysanka buurta haddii aan u laabto, meeshu ma aha jasiirad uun. Waxaan se si hawl yari ah ugu sheegi karaa in ay tahay DHAGAX WEYN oo jaadkiisu yahay *granite* oo kasoo mudh baxay badda, oo ka madhan, kana qaawan wax dhir ah. Waxa keliya ee aan ku sheegi karaana waa dhagax u yaal sidii taallo dhinac walba ka qoran, isla markaasna ah sallax laga siibiibixanayo. Dhinaciisa waqooyi, wax ka dhambalmay lakabyo afar ah oo waaweyn oo laga yaabo inay ka dhasheen saamaynta cimilada adag ee ka jirta goobtaas. Dhinaca koonfur-galbeed ayuun baa leh rawax dhagax yaryari ku filqan yahay iyo dhagaxaan waaweyn oo sar guri hal dabaq ah le'eg oo kasoo go'ay buurta. Dhinacyada kale oo dhammi waa sallax siman oo uu daboolay xaarka shimbiro-badeedka ku tarma buurta – siiba laba jaad oo kala ah *Subairi* iyo *Jubaili*. Runtii waa muuqaal aan quruxdiisa indhaha laga qaadi karin.

Socdaalkayga oo ku beegnaa bishii Jeenaweri, Buurtu waa ay ka madhnayd labada jaad ee shimbirood ee aan soo xusnay, hase yeeshee, waxa ka buuxay saddex jaad oo ka mid ah kuwa loo yaqaan *"boobies"*[76]. Qayladooda aan kala go'a lahayn iyo urta xaarka shimbiraha ayaa ceeryoomiyay dareenkayagii. Ayaandarro se, naakhuudihii doonta ayaa naga diiday inuu nagu dejiyo buurta si aanu ugu boodno goobta yar ee rawaxa leh (oo ah goobta keliya ee laga fanan karo buurta). Waa la garan karaayay dareenkiisa waana loo garaabi karayay, maxaa wacay, waxa uu ka cabsi qabay in ay doontu hirdido dhagax biyaha ku qarsoon ama ay dabayshu doonta ku dhirbaaxdo dhagaxa weyn ee buurtu ka samaysan tahay.

Buurta Maydh ma aha mid ay Soomaalidu aad u danayso, ha yeeshee tiro aad u yar oo aqoonyahanno (caalami ah) ah ama dad kale oo raba inay arkaan wacdarahan dabiiciga ah ayaa booqasho kusoo gaadha buurta. Intii aannu ku sugnayn buurta, waxaannu aragnay inay ku hareeraysan yihiin ugu yaraan soddon doonyood oo laga lee yahay dalka Yaman oo si xoog leh shebaagtoodii uga buuxinaya kalluun.

Waxaannu uga dignay halista ku jirta fanashada buurta. Waxa ay siteen xadhko iyo faashash u samaysan qaab gudimo. Waxa ay noola muuqdeen inay isu diyaarinayeen inay fantaan gebiga siman ee dhagaxa buurta si ay u soo urursadaan oo gurtaan xaarshimbireedka[77]. Kama jiraan meeshaas cid ama

---

[76] Boobies: Red-footed, Masked and Brown

[77] Xaarshimbireedka (*guano*) waxa ka buuxa macdanta *Nitrate*-ka iyo fosfaros (*phosphorous*), waxaana loo adeegsadaa bacrimin beeraha loo adeegsado iyo samaynta baaruudda. (Qoraaga). Waxa badi loo qaadaa dekadda Mukalla ee ku taal gobolka Xadramuut, si loogu bacrimiyo beeraha tubaakada.

jiho sharci-fulineed ama cid kale oo ka tirsan Somaliland oo ilaalisa khayraadka buurta.

Xilliga ku habboon in la booqan karo meeshan quruxda indhosarcaadka lehi waxa ay tahay amminta u dhexaysa badhtamaha Oktoobar ilaa badhtamaha Juun. Hase yeeshee, laga bilaabo badhtamaha Juun ilaa dabayaaqada Sibtembar, kolkaas oo ay Buurtu la ceeryoonsan tahay shimbiraha ku tarma meeshaas, baddu aad bey u kacsan tahay, dabaylaha xagaaga awgood, taasoo aanay suurto geli karin in ay meeshaas ku gaadhsiiso ama ku gayso doon yari. Waxaannu isku daynay badhtamihii August 2008, inaannu ku laabanno Buurta, hase yeeshee waxaannu aragnay in weli baddu aad u kacsanayd, oo xitaa cagtu ku yaraatay magaalada Maydh[78].

Waxa meesha ka jira meerto cimilo oo dabiici ah, oo marka ay dabasyshu go'do, badduna degto (degganaato) ayay kalluumaysatada Yamantu soo laabtaan – goortaas oo ay shimbirihii iyo dhashoodii oo socdaal geli karayay (duuli karayay) ay ka hulleelaan Buurta. Ha yeeshee xilliga ay baddu kacsan tahay, ee aanay cidi u dhowaan karin buurta, ayay shimbiruhu ka helaan Buurta sabo xasilloon oo ay ku tarmaan.

Si ka geddisan u-haysadka/aragtida dadka Soomaaliyeed, shimbiraha soo booqda Buurta Ribshiga uma boqoolaan carriga Yurub ama meelaha kale ee ay shimbiraha hayaamaa gaadhaan, bal se kuwani kama fogaadaan xeebaha Khaliijka Cadmeed sida Yaman iyo Cumaaan.

Shimbiraha meesha ku tarmaa waxa ugu doorroon Zubairi-ga (*Sooty, L. hemprichii*), iyo jaad ay isku dhow yihiin oo loo yaqaan *White-Eyed L.*

---

[78] Aalaaba xilliga xagaaga waxa xeebaha waqooyi ka dhaca kulayl, hanfi iyo dabaylo xooggan. Dadka badankooduna waxa ay u xagaa baxaan dhulka joogga sare leh ee cimiladu nafta uga roon tahay. (Qoraaga)

leucophthalmus. Jaadka Jubailiga ah ee ugu roon ee meesha laga helaa waa jaadka dhoorka leh (*Greater Crested Tern, S. bergii*).

Jasiiradda Ribshiga, ama aynu nidhaahno "Dhagaxa Weyn" waxa ay ka mid tahay lixda meelood ee ay hay'adda Bird International u calaamadisay Goobo Shimbirood doorroonaantooda leh (*Important Bird Areas - IBAs*). Waxaana habboon in goobtaas lagu sunto ama loo qoondeeyo Goob Shimbiro badadeed la jaan qaadsan Axdiga Ramsar[79], waxa se muuqata in arrinkaasi yahay mid uu fog yahay ka-run-sheeggiisu.

Ugu dambayn, waxa iga go'aan ah inaan booqdo goobtan xilliga ay shimbiruhu ku tarmayaan, ugu yaraan hal mar, inta aanan adduunka u weydaaran dhinaca aakhiro."

---

[79] *Ramsar Convention*: waa axdi lagu saxeexay magaalada Ramsar ee dalka Iiran (1971). Waxaanuu ku saabsanaa ilaalinta iyo adeegsiga joogtaysan (*sustainable utilization*) ee goobaha berribiyoodka (wetlands) – siiba meelaha ay ku dhaqmaan shimbiraha baddu. (Qoraaga)

25

Curis ku Saabsan Deegaanka

Arlooy! "Faro kaa badan iyo biyo kaa badaniba wey ku hafiyaan"_____Maahmaah Soomaaliyeed

Erayga "deegaan" waxa loola jeedaa waayaha ama saansaanka ku xeeran nooleyaasha (dhir iyo xawayaanba) ee raadayn ku leh koritaankooda. Sidoo kale, "Deegaan-jire" waxa loogu yeedhaa qofka daneeya, isku howla ama u ololeeya dhowrista deegaanka. Si taas la mid ah, "Deegaan-jirenimo" waxa loo yaqaannaa dhaqdhaqaaq siyaasadeed iyo bulsheed oo ulajeeddada ka dambaysaa tahay sidii loo dhowri lahaa deegaanka, iyada oo la adeegsanayo siyaasado iyo waxqabadyo ku aaddan ilaalinta deegaanka.

Haddii la waayo deegaan dhowrsoon oo saxar la' (nadiif ah), jiritaanka nolosha dadka iyo nooleyaasha kaleba waxa ay halis ugu jiri karta in la waayo.

Haddaba xilka ilaalinta iyo dhowrista deegaanku waxa uu garbaha u saaran yahay Aadamaha; waana xil weyn oo uu Eebbe (sarree oo korreeye) degta u sudhay. Waxana loo baahan yahay inaynnu hubinno in sabo-deegaaneedyada (*eco-systems*) kala duwani u shaqeeyaan si aan lahayn kala-dhantaalnaan, si ay joogto u noqoto fayoqabka arladu iyo waxa guudkeedka ku nooli. Waa se yaabe! falalka aynnuu ku kacaynno ayaa keenaya burbur, halkii ay kaabi lahaayen nolol joogtaysan, isla markaana xaqiijin lahaayeen in tayada nololwanaaggu sii jiri lahayd, si ka-haqabbeel ahna ay inteenna nooli baahiyahooda uga heli ama daboli lahaayeen, innagoon, isla markaasna, ku talax tegaynin baahiyaha facaadda soo socda.

Dhibaatada ugu weyn ee arladeenna soo food saartay waa Dikhowga. Dikhowgu waa sabada ama deegaanka oo ku sadhooba walxo halis ah oo dhib keeni kara, badibana ka dhasha falaadda aadamaha. Dikhowga haleela arlada iyo cirka, isla markaana raadayn weyn oo taban ku yeeshaa waa dhowr jaad. Kuwaas waxa ka mid ah dikhowga dhulka, ka biyaha iyo ka hawada.

Adeegsiga shidaalada asal-ahaan kasoo jeeda dhirta iyo xayawaanka (*fossil fuels*) ayaa ah ka ugu weyn ee ka qayb qaata korodhka xaddiga Kaarboon-2-ogsyadh ee ku sii biiraya gibilka arlada – taasoo dhalisa waxa loo yaqaan "raadaynta guriga cagaaran" (*greenhouse effect*) iyo "diirranaanta arlada" (*global warming*). Sadheeyeyaasha kale waxa ugu doorroon sulfar-2-ogsaydh, nitroojiin ogsaydh, hydro-kaarboonnada aan degganayn (*volatile hydrocarbons*), kaarboon-moono-ogsaydh, methayn, qaylada/dhawaaqa xad-dhaafka ah iyo *chlorofluorocarbons* (CFCs).

Sadheeyeyaasha raadaynta ku yeesha biyaha saxarka la' (*fresh water*) waxa ka mid ah uskagga bullaacadaha iyo liidashada xaaladaha fayodhowr, dawooyinka bacriminta, niista iyo biro sun xambaarsan (*toxic metals*). Sidoo kale, sadheeyeyaasha raadeeya nolosha badda qaar ka mid ahi waa: Uskagga bullaacadaha iyo liidashada xaaladaha fayodhowr, dawooyinka bacriminta, qubashada saliidaha iyo walaxaha ka samaysan balaastigga. Dikhowgu aadamaha oo keliya ma raadeeyo, balse sidoo kale waxa uu dhibaateeyaa nooleyaasha kale – dhir iyo xayawaanba. Tusaale-ahaan, xaalufka ku dhaca lakabka ozone (*Ozone layer*) ee cirka arladeenna ku wareegsan ama ku giblan waxa ka dhasha in uu kordho fallaadhaha cadceedeed ee loo yaqaan "*ultraviolet rays*", ee u soo gudbaya arlada, taasoo keenta gaabiska xawliga ay dhirtu cuntadooda ku samaystaan (*photosynthesis*) iyo weliba koritaanka dhirta badda gudaheeda ku taalla ee loo yaqaan *phytoplankton*. Haddaba iyada oo uu *phytoplankton*-ku sii daayo (ama bixiyo) ogsajiin, kuna doorsado kaarboon-2-ogsaydh-ka oo uu nuugo, hoos-u-dhaca tirada iyo tayada *phytoplankton*-ku waxa uu ka qayb qaadanaayaa doorsoonka cimilada.

Dhibaatada ay bacdu leedahay waxa ka mid ah iyada oo diinbadeedku ku kadsooma bacda badda gudaheeda sabbaynaysa oo mooda (u qaata) jaad kalluunka ka mid ah oo loo yaqaan axal-badeedka (*jelly fish*); markaasna ku keenta neefqabatoow iyo dhibaato ku timaadda habka dheefshiidka. Shidaalka ku daata badaha, qashinka kiimikooyinka ee wershadaha iyo uskagga bullaacadaha ayaa dikhow ku sameeya dhulka iyo badaha, waxaanay markaa dhibaateeyaan noolaha kala geddisan. Sidoo kale, waxa soo kordhaya caddaynno ku saabsan in dikhowga hawada ku dhacaa uu keeno kansarka sambabada, xiiqda, caaro (in jidhku caaroodo), iyo dhibaatooyin kale oo la xidhiidha neefsashada, iyo weliba dhaawac aan kasoo kabasho lahayn oo ku yimaadda dhirta iyo xayawaanka.

Isku-dayada hadda jira ee ku saabsan madhxinta (beekhaaminta) iyo hagaajinta maamulidda iyo maaraynta deegaanka iyo khayraadka dabiiciga ah waxa ka mid ah adeegsiga farsamooyinka madhxiya tamarta, in kastoo ay weli bilow yihiin. Farsamooyinkaas waxa looga golleeyahay (looga jeedaa) in la dhimo adeegsiga shidaallada asal-ahaan kasoo jeeda dhirta iyo xayawaanka si loo helo hawo saxar la', kaddib marka la yareeyo kaarboonka hawada gelaya.

Xilliyo aan sidaas u sii fogayn, diiradda waxa aad loo saaray qaabka joogtaysan ee loo adeegsado biyaha, dhulka iyo khayraadka kale ee gabaabsiga innagu ah, dib-u-adeegsiga ama celcelinta iyo dhimista qashinka, u-tudhidda iyo dhowrista nooleyaasha halista ku sugan (*endangered species*) iyo madhxinta kala-duwaanshaha nooleyaasha (*biodiversity*). Danaynta ilaalinta deegaanku waxa ay dhalisay inay abuurmaan dhaqdhaqaaqyo siyaasadeed iyo bulsheed oo u dooda waxa loo yaqaan "nolosha cagaaran" (*green living*) iyo adeegsiga qalab ama agab "arlada la jaal ah/saaxiib ah" (*earth friendly goods*). Waxa intaas dheer in la xoojiyay go'aanqaadashada ku salaysan ilaalinta deegaanka. Heshiisyo caalami ah oo ku saabsan dhowrista deegaan ayaa sidoo kale qallinka lagu duugay – in kastoo ay jiraan goldaloolooyin, marka la eego ku-dhaqankooda iyo fulintooda.

Iyada oo arrimahaas oo dhammi jiraan, haddana baahi ayaa loo qabaa in la xoojiyo aqoonbaadhista iyo adeegsiga tamaraha dib loo cusboonaysiin karo (sida ka cadceedda, dabaysha, hirarka badda, roobka, uumiga dhulka hoostiisa ku jira) iyo dhimista ku-tiirsanaanta shidaallada asal-ahaan kasoo jeeda dhirta iyo xayawaanka. Waxa xusid mudan xidhiidhka ka dhexeeya korodhka xad dhaafka ah ee tirada dadka iyo fayoqabka deegaanka. Tusaale-ahaan, arladu waa sidii dayaxgacmeed oo ay ku gudo jiraan dadkii ku socdaalayay ama ka shaqaynayay. Jicsinka ay haystaan (cunno, biyo iyo hawo) uu kooban yahay, mana aha qaar aan idlaanayn ama aan uskagoobayn ama dikhoobayn. Dhinaca kalena, rakaabka saaran tiradoodu wey sii kordhaysaa maalinba ta ka dambaysa.   Nolosha arladeennu waxa ay bilaabantay afar bilyan oo gu' ka hor, tirada dadka ee arladuna hadda waxa uu kor u dhaafay 7 bilyan. Raadaynta taban ee korodhka degdegga ah ee aadamuhuna waa badan yihiin, waxana ka mid ah hoos u dhaca kala-duwanaanshaha nooleyaasha, macaluul, xasarado iyo dagaallo.

Ka sokow dhibaatooyinkaas kor ku xusan, waxa haddana jira baraarug sii kordhaya oo ay ummadaha arladu isku dayayaan inay maareeyaan dhibaatooyinka deegaan ee arladeenna iyo jiritaankeennaba haysta. Waxa jira in habdhaqankii hoggaamiyeyaasha iyo dadka aqoonta lehiba isu doorinaaya mid deegaanka la jaal ah. Arrimaha deegaanku hadda meel sare ayay kaga jiraan ajendeyaasha dawlado dhowr ah. Waxaana ah arrin lagu yididiilooda in Madaxweyne Barack Obama, oo dalkiisu yahay ka adduunka ugu hodansan, isla markaana ah ka deegaanka dhibta ugu badan gaadhsiiya, marka la eego dikhowga arlada, uu ku xuso hadalkiisii madaxnimada loogu caleemo saaray, ka-go'naanshihiisa in la helo arlo saxar la' iyo isaga oo sheegay in uu mudnaan sare siin doono arrinka dhowrista deegaanka. Waxaanuu yidhi:

"Waxa aannu tamar ka raadin doonnaa cadceedda, dabaysha iyo ciidda si aan tamar ugu helno baabuurtayada kuna howl gelinno wershadahayaga.....annaga oo kaashanayna jaalleyaal (saaxiibbo) hore iyo qaar aannu hore nacab u ahayn. Si aan ka daalis lahayn baannu u wada howl geli doonnaa, si aannu u yaraynno halista awoodda nuukileerka; waxaannu, sidoo kale, dib u riixi ama giringirin doonnaa cabsida ka dhalan karta arlada sii diirranaanaysa".

Waxa aynnu ku abdo weynnahay (rajo weynnahay) in odhaahaha jaadkan oo kale, ee kasoo baxa afafka hoggaamiyeyaasha caalamku, aanay noqonin qaar aan dhaafsiisnayn in codbixiyeyaasha uun cod lagaga helo uun, bal se u soo daaddega waxqabad.

26

Shimbirihi Xaggee bay Qabteen?

Gu'ba ka kasii dambeeya, cirka korkeennu waxa uu ka sii madhnaanayaa shimbirihii. Xilliyo hore, waxa la arki jiray shimbiro iyo haad ciiddaas iyo camaarkaas ka badan oo raxanraxan cirka duullimaad ugu tamashlaynaya. Waxa ay astaan u ahaayeen madax bannaani (xorriyad), war ay xambaarsan yihiin (mid togan iyo mid taban ba) iyo qurux dabiici ah. Kumannaan gu' iyo in ka badanba, shimbiruhu waxa ay ahaayeen welina yihiin qaar kooba oo koriya male'awaalka aadanaha.

Inta sooyaal lagu hayo qoraal, waxa jiray dad isku dayay in ay sida haadda u duulaan – arrinkaasi ha ahaado xiise ay u qabeen isbiimayn, ama doonitaan ay rabeen in ay ku rumeeyaan dareen madaxbannaaniyeed oo nafsi ah. U kuur galka sida ay shimbiruhu u haadaan waxa uu ku xambaartay dadka qaar in ay baalal shimbireed gacmahooda ku dhejiyaan. Ha yeeshee, isku-dayadaasi waxa ay ku gebageboobi jireen guuldarrooyin.

Dhacdo ka mid ah isku-dayadaas waxa ay ahayd sheeko khayaalkii dura (duraaye)[80] ee ku saabsanayd oday Giriig ah iyo wiil uu dhalay. Sheekadaas oo ku gebagebowday guuldarro uu wiilki ku dhintay oo ka dhalatay iska-dhega-mariddiisii taladii aabbihii oo ahayd:

"Ogsoonoow in aad u duusho si dhexdhexaad ah,
Maxaa yeelay, haddii aad ku dhowaato maayadda badda,
Wey sayaxi doonaan baalashu oo waxay ku cuslaan uumiga biyaha badda,
Haddii aad ku duusho joog aad u sarreeyana, kulaylka cadceedda,

---

[80] Dura, duraaye = xilli aad u fog.

Ayaa baalashaada ka dhalaalin xabagta ama xoolo-nabadda…"[81]

Ha yeeshee, murtida ku duugan sheekadan oo ahayd mid la mid ah *"nin yari inta uu geed ka boodo ayuu talo ka boodaa",* waxa uu kor ugu fogaaday cirka, isaga oo u qaadan la' in uu sida haadda u duuli karo. Ugu dambayntiina dhulka ayuu u soo dhacay.

Dhaqanka Soomaaliyeed marka loo noqdo, aragga, agjoogga iyo cida shimbiraha kala jaadjaadka ah intuba waxa ay Soomaalida u samayn jireen ulajeeddooyin kala duwan. La'aanta aysan jirin is-afgarad codeed oo dhex mari kara shimbiraha iyo dadka, ma ay noqonin mid iska hor taagta iyaga in ay xidhiidh la sameeyaan shimbiraha, u sheegtaan gocashooyinkooda, ka saadaaliyaan waxa ay ka ciillan yihiin, mararka qaarkoodna dhambaallo u dhiibta. Waxa halkan xusid mudan mahadhadii la siiyay Nebi Saleebaan ee garashada iyo la-hadalka nooleyaasha oo uu hud-hudka u adeegsan jiray gudbinta farriimaha.

Ereyga Afsoomaaliga ah ee 'shinbir" oo dheddig iyo labba noqon kara, kolba sida loogu dhawaaqo, waxa kale oo mararka qaar loo yaqaan wax wanaagsan oo sabab u noqda bogsiin qof buka oo markii hore laga quustay ka-soo-raysashadiisa cudur. Waxana la yidhaahdaa, tusaale-ahaan, "Hebel waxa shinbir looga soo dhigay booraandacawadii uu ka cabbay". Dhinaca kale haddii wax loo qabtaa aanay jirin, oo wax walba lagula daalay, waxa la yidhaahdaa "hebel shinbir baanu lahayn". Dhinaca tabnaanta, waxa jira cudur dadka ku dhaca oo afkuna qalloocsamo, kaddibna afka dhinacyadiisa laga gubo. Qofka marka fudayd dheeri ah ama booddo lagu arko ama lagu xamanayo waxa la yidhaahdaa "hebel shinbir buu qabaa" iyada oo laga soo qaatay xanuun geela

---

[81] Xoolo-nabad = waxa la yidhaahdaa xaydh xoolaad oo ay reer miyigu haamaha iyo weelka kale ee ay biyaha ku shubtaan ku joojin jireen habiddooda (ama in dareeraha uu dhibicdhibic u siidaayo). Waxa ay u dhigantaa laxaamadda maanta la adeegsado oo kale.

ku dhaca oo neefka la mooddo in madaxiisa wax ka silloon yihiin.

Waxa aynnu adduunweynaha ku maqalnaa sheekooyin hore oo ku saabsan shimbiro loo tababaray in ay dhambaallo qaadaan siiba xilliyada dirirta, si ay u gaadhsiiyaan farriimo cidda la rabay in la gaadhsiiyo, ama farriimo uu qof **'laab la kacay, lugo se aan haynini'** uu dareenkiisa ama boholyowgiisa dooni jiray in uu ku gudbiyo. Waxa jirtay sheeko dhaqameedkii reer Saylac ee ku saabsanayd wiilkii iyo gabadhii is-jeclaa ee badweyn iyo saansaan cimilo adagi kala dhex galeen in ay isu yimaaddaan waxa innooga dhex muuqda sida ay miciinsi u mooddeen shimbiraha lalaya, jeclaysteenna in ay ku haadaan sida aynnu maanta diyaaradaha ugu duulno. Bal se kol haddii aysan shimbiraha yaryari xambaari karin jidhkooda, waxa ay ugu yaraan door bideen in ay ruuxdooda iyo dareenkooda ku kulmiyaan adeegsiga shimbiraha!

> Inanka: "Shimbireey lalaay, ma i duulisaayeey, hoowaa,
> Alla yartii aan jeclaa ma i garab dhigtaa hoo,
> Inanta: "Reer Saaxil iyo Reer Suurba yimideey, hoowaa,
> Alla doonyaha Bumbay ma birbaa ku jaban hoo,
> Badda eegayoo, beerku i xanuunyeey, hoowaa,
> Alla doonyaha Bumbay ma birbaa ku jaban hoo,
> Inanka: "Anba waan jeclaa inaan soo jid-maroeey, hoowaa,
> Alla jiilaashinkiiba jidka igu xayiray hoo.

Tusaale kale waxa aynnu u soo qaadan karnaa isku-daygii uu darwiishkii iyo gabayaagii Ismaaciil Mire dareenkiisa kula wadaagayay shimbirka Guuguulaha la yidhaahdo, oo geed uu hadh galay isku soo dul taagay. Xilligaasi waxa uu ahaa ammin ay dhacday abaar darani (1927-1930). Waxa uu gabayaagu rabay in uu shimbirka u caqli celiyo, una sheego in abaartu aysan keligii gubaynin, bal se dad iyo duunyoba ay saamaysay. Waana tan sida uu gabaygiisii ku bilaabay:

> Guuguuleyahow haddaad Gu'ga u ooyaysid;
> Haddaad mooddäy keligaa inuu gubayo Jiilaalku;
> Ama aad gabooyada ku maran gama' la diidayso;
> Giddigood addoomaha waxa gaadhay seben weyne......

Haddaba xaggee bay tageen shimbirihii?

Eray celintu waxa ay tahay: Badankoodu dal shisheeye uma ay doolin e waxa ay ku lee'deen alhuumo (aafo) ka dhalatay sumo kala duwan oo loo adeegsado in dulinka iyo cayayaanka lagaga laayo xoolaha iyo beeraha.

Dhibaatadan xooggeedu waxa ay la kowsatay adeegsiga dhibta ama dhibaynta xoolaha, hilaaddii 1950eeyadii qarnigii la soo dhaafay. Godad sibidhaysan ama weel bir ka samaysan ayaa biyo lagu shubaa, waxana lagu daraa sun, kaddibna adhiga ayaa la muquuriyaa ama la dhex geliyaa si dulinka looga laayo. Sumaha lagu dari jiray waxa ka mid ahaa Dieldrin, DDT, Endrin, Aldrin iyo Lindane. Ha yeeshee marka hawshaas lagu fushado, waxa dhacda in biyihii sumaysnaa goobtii lagaga tago, iyada oo godadkii af bannaan yihiin. Halkaasna ay shimbirihii harraaddanaa iyo xashaaraad kale ka cabbaan oo ku dhintaan ama suntu saamayn ku yeelato tarantooda oo aysan wax tafiir ahi ka hadhin. Dhinca kale, marka xooaladhaqatadu doonaan in ay sumeeyaan habar dugaag aadu (dilaa) ah sida waraabaha, dacawada, libaaxa iyo shabeelka, waxa ay, si la mid ah, sunta u dhex geliyaan neefka baqtiyay. Halkaasna waxa ku dhiman jiray nooleyaal kale oo aan waxba galabsan sida haadda oo kale.

Dhanka kale, sumaha cayayaanka beeraha ayaa iyaguna saamayn taban ku leh shimbiraha. Xitaa haddii aanay isla markiiba ku dhimanin, waxa ay sumahaasi ku biiraan jidhkooda, waxana ay saameeyaan tarantooda.

Waa sidaas e, shimbirihii gabaabsi ayay ku sii noqonayaan cirka. Maye shimbirihii iyo haaddii kooxkooxda u duuli jirtay ee tiro-badnaantooda iyo cufnaantooda mararka qaarkood laga yaabi jiray in ay hawada isku jiidhaan – balse aanay dhici jrin! Cida shimbiraha ee hareeraheenna ku sii yaraanaysaa waxa ay i xasuusinaysaa buuggii ay qortay Rachel Carson ee *"Silent Spring"*ama *"Gu'gii Sanqadha la'aa"* ee ay bulshoweynta reer Galbeedka ku baraarujisay halista sumaha beeraha (siiba DDT-da) iyo dikhowgu ay u lee yihiin shimbiraha. Allaylehe waa ay isla jaan qaadsan yihiin magaca buuggaas iyo cida shimbiraha ee sii yaraanaysa – siiba xilliyada gu'ga ee noole kastaaba muujin jiray firfircooni ka badan xilliyada kale.

Beryahan dambe, waxa la arki karaa neef bakhti ah oo aan lagu dul arkaynin jaad keliya oo ka mid ah haaddii hilib cunka ahayd! Dhaqanka Soomaalida haddii aynnu u laabanno, haadka dhacayaa (meel ku degaya) waxa uu ahaa mid ay Soomaalidu ku tilmaansadaan baadi ka maqan. Haddii ay **'raq iyo ruux'** midkood raadinayaan, meesha uu haadku ku dhacayaa waxa ay qofka baadidoonka ah ee lugta iyo laabta ka daallan u ahayd tibaax uu ku go'aan qaadan karo – in uu ka samro iyo in uu sii wato baadi goobka.

Wax badan beynnu ku waayaynaa dabago'a shimbiraha iyo haadda. Marka laga tago kala go' ku yimaadda meertada nololeed iyo kaalinta doorka ah ee ay kaga jiraan; waxa sidoo kale la waayi doonaa aqoontii ab'ogaaga ahayd ee ku lammaanayd shimbiraha.

27

Geedka Timirta (Phoenix dactylifera L.)

"Guri aaney Timiri oollin dadkiisu way gaajaysan yihiin, dadkiisu way gaajaysan yihiin" ___ Xadiis Nabawi ah oo uu weriyay Tirmidi.

Qoraalkan waxa diyaarshay Cusmaan Maxamed Cali,[82] oo ka tirsan hay'adda **Action in Semi-arid Lands (ASAL)** *ee fadhigeedu yahay Boosaaso. Waxana Afingiriisi u rogay qoraagga buuggan.*

Hordhac

Geedka timirtu waxa uu ka mid yahay dhirta ugu faca weyn geedaha la beerto. Waxaa lagu qiyaasaa in Ciraaq timirtu bilaabatay ugu yaraan 5,000 oo gu' (**Zohary and Hopf, 2000**).

Tan iyo waagaas, waxaa geedka timirtu door wax ku ool ah ku lahaa dhaqaalaha, arrimaha bulshada, iyo deegaanka ee dadyoowgii dhulka laga beerto ee Bariga dhexe iyo Waqooyiga Africa ku noolaa. Ilaa 1500 oo jaad oo timir ah ayaa jiritaankooda la xaqiijiyey, ayada oo Ciraaq keliya laga helo ilaa 630 jaad.

Gaaritaankii Muslimiintu Yurub iyo Aasiyada fogba qayb weyn ayay ka qaadatay in timirta lagu faafiyo meelaha ku haboon oo ka tirsan dhulka ay ka talinayeen. Koonfur galbeed Aasiya iyo Waqooiga Ameerikaba waa gaartay timirtu saddexdii Qarni ee ugu dambeeyay. ilaa 2001 waxsoosaarka Timirta adduunka waxa uu samaynayay koror ah 5% gu'giiba (1.8 malyuun oo Tan 1961dii iyo 5.4 Malyuun oo tan 2001).[83]

Waa geed ku baxa cimilo aad u kulul, egeganna, adkaysina u leh carrada iyo biyaha dhanaan. Ayadoo cimilada bilaha

---

[82] Cusmaan Maxamed Cali waxa lagala xidhiidhi karaa email: *cuthmaan@gmail.com*

[83] By André Botes and A. Zaid Date Production Support Programme Updated by Pascal Liu, FAO

kala duwan ee sanadka ay saamayn xoog leh ku yeeshaan baahida waraab ee geedka timirta ayuu haddana biyo badan u baahan yahay.

Nooca carrada, heerkulka, huurka iyo dabaysha ayaa ayana samaayn ku yeesha xaddiga waraab ee geedku qaadan karo. Ma jirto qayb ka mid ah geedka timirta oo aan waxtar lahayn.

Miraha timirta ee kasoo baxa guud ahaan carriga Soomaalida ma gaaraan heer inta la cabbeeyo kayd loo dhigto ama meel kale loo dhoofiyo – xaddiga oo yar dartiis. Dhammaan waxaa lagu cunaa cusaybka bilaha u dhexeeya Juun ilaa Ogost ee xilliga Xagaaga.

Qormadan waxaan ku eegaynaa sida timirtu ku soo gashay Bariga Soomaaliya, heerarkii kala duwanaa ee ay soo martay iyo timaaddada qaybta ay ka qaadan karto horumarka iyo nolosha beeralayda iyo dadyowga kaleba.

Heerkii Koowaad

Sida aanay u caddayn goobtii ugu horraysay ee Timir lagu beero adduunkan aan ku noolahay ayaa dhanka soomaalidana aanay war hubanti ah ka hayn halkii ugu horraysay ee lagu beero; ha yeeshee duqay badan ayaa qaba in Tuulada Gacan[84] ay ahayd halkii ugu horraysay ee berriga Soomalida lagu arko Timir beeran waqti laqu hilaadiyay bartamihii qarnigii 17aad.

Kol haddii xeebaha Soomalidu ay barkulan ganacsi u ahaayeen Carabta (Yeman, Cummaan, Ciraaq) iyo waddanno oo ay ka mid ahaayeen Hindiya, Baakistaan iyo Sirilanka uu ka dhexeeyay xiriir dhaqandhaqaale, wax-is-dhaafsi iyo aqoonta oo la kala bowsadoba, ayaa beerashada timirta iyo farsamada la xiriirtaaba inooga

---

[84] Waayadan dambe tuulo ma aha waana meel u dhexeysa Magaalada Laasqoray iyo tuulada Durduri

timid Carabta. Cummaan, Ciraaq oo magaalada Basra ku taallay iyo Suqadara oo ah jasiirad Yeman ah aadna ugu dhow cirifka bari ee Gobolka Bari ee Soomaliya ayaa ugu badnaa meelaha ugu badan ee ganacsatadii degganayd Xeebaha gobolka Bari xiriir la lahaayen.

Hadiyadaha boqortooyooyinka is-dhaafsan jireen iyo waayo'aragnimada Soomaalida ee dhanka Badmaaxidda ayaa ayana kaalin mug leh ka qaatay in timirtu dhanka Soomaalida loo soo tallawsho, xeebaha Soomalidana isaga gudubto, isla markaana wax soosaarka timirta dhanka badda laga iib geeyo, kol haddii gaadiid dhul aanu jirin xilliyadaas, muddooyinkii dambena dhulka ay ka baxdaa aanay lahayn waddooyin dhanka berriga ku xira.

Ammin kooban gadaasheed, waxaa abuur ka qaatay dadyowgii degaanaa xeebaha Bariga sida Sayn, Geesaley, Tayeega Xogaad, Runya, Xaabo, Kalahaya, Qoralaho, Comaayo, Xeela iyo Baargaal iyo Iskushuban oo degmooyinka Caluula iyo Iskushuban ka tirsan hadda iyo Karin, Xamur, Dameer iyo Galgala oo degmada Boosaso ka tirsan.

Jaadadka Timirta ee muddo hore wadanka soo galay waxaa ka mid ahaa kuwa ugu caansan, kuwa loo yaqaanno Nimcaan, Farad, Suxaari, Sahri, Faaquur, Barni, Suqadari, Miro-Jad iyo Masiili. Ilo-biyood durdur ah ayaa badi waraabka siiya beerahaas timirta, ayadoo ay jireen in yar oo ceelal aan gun fogeyn ka waraaba (laga waraabsho).

Cimridheerida, dhererka geedka timirta iyo dib-u-dhac muddo dheer qaatay oo yimid in la dhaxlado beeraha timirta, dhirtii ayaa timirta badideedii waxa ay noqotay baylah halkaas oo waxsoosaar badan oo dhaqaalaha iyo quudkaba wax weyn ka tari lahaa ku baaqday.

In kastoo si feejignaani ku jirto loo garawsan karo ayaa haddana waxaa la diiwan geliyey in dhul dhan 273 Hektar ay ku yaalleen in ku dhow 181,000 (SORSO, 1997) timirtaas oo isugu jirta mid gabowday iyo wax ka tafiirmayba.

Tirada dhirta ee Hectarkiiba wuxuu noqonayaa in ka badan 600 oo geed kaas oo 3 goor ka badan inta la ogol yahay (120-140 halkii Hektar). Timirta waxaa loo beeraa Safsaf ayadoo labada saf la isu jirsinayo 7-8 mitir/tallaabo halka labada geedna isu jirayaan in le'eg.

Heerkii Labaad

Sannadkii 1984 ayaa Wasaaraddii Beeraha ee dalka waxa ay ka bilowday gobolka barnaamij isku dhafan oo kor loogu qaadayo wax-soo-saarka Beeraha. Markii la eegay Juquraafi ahaan halka gobolku dhaco, taarikhii hore ee beeraha, cimilo-xiliyeedka, carrada iyo biyahaba, waxaa maangal noqday lana go'aamiyay in la horumariyo timirta, cawska iyo xoolaha beeralaydu haystaan. Waxaa gacan taageero ka geystey Suuqa dhaqaalaha Reer yurub, gaar-ahaan dalka Faransiiska.

Xulashada geed timireed wanaagsan si loo sii badiyo, beerista daaq nafaqo leh, keenista riyo (ari carbeedkii Xamar) iyo Hagaajinta habka waraabka ayaa ahaa shaqooyinkii ugu waaweynaa marka laga reebo beeralayda oo tababarradoodu joogto ahaayeen.

Degmoyinka Boosaaso, Iskushuban iyo Caluula ayaa ugu badnaa meelaha ka faa'iidey barnaamijkaas mase joogtaysmin shaqadii dhanka timirta la xiriirtay maadaama aan la xallin dhibtii keentay inay markii horeba dayacanto. Waqtigaas ma dhicin in dad beeraha ku soo biiray timir cusub beertaan si loo helo geed timireed jiilkii koowaad gacanta ku hayo.

Geed-Timreedyada laga keenay Gobolka Bari meelo ka mid ah ayaa waqtigaas lagu beeray Togga Xalineed iyo meelo kale si loo tijaabiyo habbonaanta, arrinkaasina ma sii socon burburkii dalka ka dhacay dartiis.

Heerkii Saddexaad

Laga soo bilaado 1994tii waxaa si ku celcelis ah ugu ololaynayay tayeynta Timirta urur[85] Somali ah oo Boosaaso xarun ku lahaa. In badan oo ka mid ahaa shaqaalaha ururkaas ayaa ahaa shaqaalihii hore ee wasaaraddii Beeraha Soomaaliya iyo Mashaariicdii hoos imanayseyba.

Ururkaas oo kaashanaya ururo kale oo caalami ah iyo kuwa Qaramada Midoobayba waxa uu ku guulaystay inuu gobolka Bari soo geliyo Timir tayo sare leh oo nooca laga beero nudda sare ee geedka (*tissue culture*) oo gaaraysa 3000 oo geed, lagana soo waariday Imaaraadka Carabta, gaar ahaan Alcayn.

Ilaa sanadkii 2008dii waxaa dibadda kasoo galay 8150 geed oo diyaarad lagu keenay gegida magaalada Boosaaso. 2011 ilaa 2015 waxaa ayana timir kale oo gaareysa 2100 geed oo da'doodu u dhexayso 18-24 biloood keenay Ururka ASAL[86]. Halka ururka Laanqayrta Casina keentay ilaa 40 kun oo kale.

Dhammaan timirtaas tiro-ahaan gaareysa ilaa 50ka kun oo geed waxa ay dalka ugu yimaaddeen dibadda intii u dhexaysay 2000-2014. Waxaana lagu kala beeray gobolada Bari, Nugaal iyo Sanaag. Shanta sano ee soo socota, haddii Eebbe idmo, waxaa la qiyaasayaa in ilaa 200 kun oo geed oo taya ahaan la mid ah kuwan cusub laga soo beeri karo timirtan cusub taasoo lagu baajin karo dhaqaale dibadda timir dhir ah looga soo iibsado isla markaana beeralaydu kala qaadan karto xawilka timirta.

Waa noocyo ka magac duwan kuwii hore loo beeran jirey, ka wax-soo-saar badan, dadka beeratyna waa gacanti koowaad oo xiisa badan u qaba beeritaanka timirta. Baxri, Majhuul, Khalas, Zamli, Shishi, Saqci, Umu-Dihaan iyo Suldaana ayay u badan yihiin noocyadan dibadda laga

---

[85] Somali Relief Society SORSO
[86] Action in Semi-Arid Lands

keenay, dhammaantoodna hal xarun[87] ayaa laga soo iibiyey.

Geedka 8-15 sano jirka wuxuu soo saari karaa 60 ilaa 100 kg sannadkiiba. Taasoo ku dhowaan karta 5000 oo tan timir ah sannadkii haddii aynnu xisaabinno goosiga 50,000 geed. Aad ayay uga yar tahay baahida timireed ee ka jirta gobolka iyo gobolada la deriska ahba marka la eego timrita kasoo degtay Dekeda Bosaso intii u dhexeysey June 1996 ilaa Feb 1997 oo gaareysey 3,293 Ton.[88] Shan ilaa labaatan kiilogaraam oo nafaqo dabiici ah ayaa wanaagsan in geedkiiba helo sanadkii si waxsoosaarkiisu u wanaagsanaado.

Roobka oo ku yar Gobolka dartiis ayaa inta badan hoos-u-dhac ku yimaaddaa ceelasha gacanqodayga ah ee beeruhu badi ka waraabaan ayadoo tamarta shidaalka ee lagu soo saarayaana qaali ku yahay beeralayda. Taasi waxay kor u qaadaysaa kharashkii beerta gelayay, waxayna hoos u dhigaysaa faa'iidada laga filayay beerta – taasoo si taban u taabanaysa noloshii qoyska beeralayda ah.

In kastoo adduunka ay ka dhacaan cudurro iyo Cayayaanno timirta dhib u gaysta, weli noocayda cusub ee laga keenay dibadda laguma arag cudur iyo cayayaan midna aan ka ahayn waxa ka dhasha biyo la'aanta iyo dayaca dhanka shaqada la xiriira. Il ku hayn joogta ah ayaana arrinkani u baahan yahay si wax looga qabto ammin hore oo laga hortegi karo ama la xakamayn karoba.

Qalabka looga shaqeeyo geedka timirta, xanaanaynta geedka timirta, kaydinta miraha timirta iyo farsamooyinka suurta gelin kara in dhaqaale laga sameeyo timirta weli qabyo weyn ayaa ku jirta. Taasoo haddii dedaal aqooneed iyo mid farsamoba loo galo ka dhigi karta waxsoosaar

---

[87] AlWathba Marrionate
[88] WFP 1996,1997

gudeed oo dhaqaalaha, cuntada iyo caafimaadka kaalin weyn ka gala.

Timirtu waxay si wanaagsan uga bixi kartaa dhamaan dhulka loo yaqaan Guban ee u dhexeeya silsilada Golis iyo Gacanka Badda Cadmeed, haddii ay biyo ku filan hesho. Shaqoabuur iyo isku filnaanshoba waa ka suurta geli kartaa timrita haddii la maalgasho waana fursad u furan Soomalida waqtigaan.

Biyaha roobka iyo qaab isticmaalka deegaanka oo sida uu hadda yahay ku socda, laguma dhiiran karo dhaqashada ama beerashada noole biyo badan u baahan. Arrinkaasina wuxuu u baahan yahay niyadsami, dhiiranaan iyo in dadku qaado tallaabooyinka naxariista Eebbe oo biyuhu ku jiraan ku badato waxtarna u noqoto.

Dhirta kale ee Timirta la bahda ah

Inta la ogyahay dhowr jaad oo dhir ah ayaa la bah ah Timirta (*Phoenix dactylifera*), kuwaas oo ay ka mid yihiin Mayrada (*Phoenix reclinata*), Qoomaha (*Hyphaene thebaica*), Cawsanta, Cawbaarta iyo Daabaanta/Maddaah (*Livistona carienensis*). Waxtar kala duwan ayey u leeyihiin deegaanka iyo aadanaba.

Gogosha, weelka, xarkaha, dhismaha, miraha iyo dhecaankaba si kala duwan ayaa looga isticmaalaa dhirtaas. Daabaanta waxay caan ku tahay dherer iyo tira yaraan iyado meelo tira tar ku sii hartay Gobolka bari iyo Sanaag meelo ka mid ah sida Tasjiic, Geesa-Qabad iyo Galgala oo Boosaso ka tirsan iyo Dul iyo Maraje oo Dhahar ka tirsan intuba waxay dhacaan silsilada Golis.

Waqtigii la dhisayay magaalo xeebeedyada Boosaaso, Ceelayo, Laas-Qoray iyo magaalooyinka kale ee xeebahaba aad ayaa loo jaray geedka Daabaanta si loogu dhigto tiirar gudban oo dhismaha dhankiisa sare hoos ka celiya iyo marin biyoodyo biyaha guryaha ka fogeeya xilli roobaadka.

Waxaa kale oo suuragal ah in la dhoofiyey dhir aan yarayn oo Daabaan ahayd, si la mid ah sidii loo dhoofin jiray Dhamasta, oo loo adeegsan jiray dhismaha, ka hor intii aan kheyraadka shidaal aan laga helin dalalka Khaliijka Carabta. Tiro aan 100 geed gaarin ayaa ka sii hartay dhirta noocan ah kuwaas oo u baahan badin, cilmi baaris iyo badbaadinba.

Cawsanta iyo Mayrada waxay ka baxaan dhulka joogiisu hooseeyo isla markaan togaga ah. Labada jaad ayaa ugu badan qalabka soomaalidu ka samaysan jirtey weelka qaybtiis iyo xarkaha qaybtood iyo gogosha dhammaanteed. Haddase dhirtaas iyo dadkii farsamadooda aqoonta u lahaaba waa tiro yaraadeen.

Miraha ka baxa cawsanta waxaa loo yaqaanaa Xeego waana miro cad iyo xarko isku falagsan leh marka la rabo in la cuno waa la xagtaa hawl adag ayaana ku jirta xagashadaas waana miraha ay ku timi maahmaahda ah "Sidee Xeego loo xagtaa, ilkana u nabadgalaan"

Maryada waxaa ka baxa miro loo yaqaan Cawaag oo kuwa timirta u eg dadkuna cuno. Togagga Nugaaleed iyo kuwa Dhoodiyaadba waa ka baxdaa. Waxtarka ama dhibta mirahaas weli xog badan lagama hayo. Sida miraha kale ayaase dadka isticmaalaa ugu sid tiriyaan waqtiga ay habboon tahay in la quuto.

28

Cillaan (*Lowsonia inermis*)

Deegaankiisa iyo Faaiidooyinkiisa

Xinnuhu ama Cillaanka (sida Somalidu u taqaanno) waa geed ka baxa meelo badan oo adduunka ka mid ah, siiba dalalka Bariga Dhexe iyo Africa, sida dhulka Somalida, Yaman, Masar, Iraan, Hindiya, Suriya, Soodaan, Nayjar iyo dalal kale.

Dalalka qaarkood, sida Yaman iyo Hindiya, geedka xinnaha ah si xoog leh ayaa loo beertaa, iyadoo saraca lagu dhex beero, ama beero gaar ah lagaga shaqeeyo.

Markii ugu horraysay ee cillaanka laga soo xero geliyo duurka, isla markaana dhulbeereed lagu beero waxa ay ahayd 1998kii, waxana uu ahaa waxqabad uu ku kacay qoraaga buuggani, oo isla markaana hormood ka ahaa unkidda shirkad ganacsi oo Asli Mills la yidhaahdo – taas oo ku hoos jirtay hay'adda waddaniga ah ee Candlelight. Intii ka dambaysay, beero ku yaal Cadaadlay iyo Aw Barkhadle waxa lagu beeray tobanaan kun oo geed. Waxana mashruucaasi noqday mid shaqo'abuur u sameeyo tobanaan qof, dhinaca kalena ka yareeya xinnihii dibedda laga soo dhoofin jiray iyo lacagtii adkayd ee dalka ka baxaysay.

Adeegsiga Xinnaha

Xinnaha siyaalo kala geddisan ayaa loo adeegsadaa, oo ay ugu muhiimsanyihiin qaar caafimaad iyo qurxinba.

Qaybaha kala geddisan ee geedka sida caleenta, laamaha, ubaxiisa oo aad udgoon oo Carabtu ku magacawdo *Xanuun*, iyo abuurkiisa (siidhka) waxa dhamaan loo adeegsadaa daawo iyo alaab la isku-qurxiyo. Faa'iidadiisa qurxineed ee loo adeegsado midabeynta timaha, ciddiyaha, maqaarka, waxa dheer in isticmaalkiisa dawo-ahaaneed aad loogu dheeraaday marka loo noqdo Daaweynta Nabawiga ah (Dibbu-Nabawi).

Waxa loo isticmaalaa madax wareerka, isla markaana urta Xinnuhu waxay wanaajisaa shaqeynta dareemayaasha jidhka (*nerve stimulant*). Nabarada waa lagu daweeyaa oo dheecaanka ayuu ka idleeyaa, wuu engejiyaa, hilibka dhinteyna wuxuu caawiyaa inuu ku beddelmo mid cusubi. Waa lagu luqluqan karaa si loo daaweeyo xanuunada afka, carrabka iyo dibnaha. Wuxuu caawiyaa inuu suuliyo cago-gubyoodka marka la mariyo cagaha. Caleenta engegan haddii meel lagula xereeyo dharka, wuxuu ka ilaaliyaa cayayaanka dharka waxyeelleeya. Sidoo kale waxa loo isticmaalay daaweynta Jooniska, Baraska, Furuqa iyo boogaha.

Laamaha xinnaha ee la gooyo waxay beeraleydu ku dhisan karaan tamaandhada, waaney cimri dheeryihiin.

Fursadaha Suuq-geyneed ee Xinnaha iyo Faa'iidada uu bulshada u leeyahay

Ilaa muddo aad u dheer, Xinnaha waxa loo isticmaalayey qurxin iyo daaweynba. Taariikhda iyo dhaqanka Islaamkana meel weyn ayuu kaga jiraa. Xiisaha loo qabeyna marna ismuu dhimin. Hase yeeshee beryahan dambe waxa sii kordhaayey isticmaalka dadyowga reer Yurub iyo Waqooyiga Ameerika ay timaha iyo jidhkaba ku midabeeyaan.

Ka hor intaaney soo bixin waxyaabaha wax lagu midabeeyo ee aan dabiiciga aheyni (*synthetic dyestuffs*), xinnaha waxa loo adeegsan jiray midabeynta dharka iyo maaska.

Xaddiga ganacsi ee adduunka waxa lagu qiyaasaa ilaa 9,000 (sagaal kun) oo tan oo xinne ah sannadkiiba.

Dhirta Xinnaha ah waxa laga helaa dhulka buuraleyda ah ee Somaliland iyo qaybo ka mid ah koonfurta Somaaliya. Haddana iyadoo jiraan kheyraadkaas dabiiciga ah ee ceegaaga dalkeenna, haddana waxaad arki kartaa in suuqyadeenna uu ka buuxi xinne laga soo dhoofshay dalka Yaman. Waxase jirta beryahan dambe xiise sii kordhaaya oo ku jiheysan beerista iyo ka faa'iideysiga kheyraadkan dabiiciga ah. Arrinkani wuxuu suurto gelin karaa in dad badan oo ku nool dhulka miyiga ihi – siiba dumarka oo badiba u faro-dhuudhuuban soo ururinta caleenta – ay ka heli doonaan fursado shaqo iyo mid dhaqaaleba, isla markaana ay helaan dakhli kale oo dhaafsiisan xoolaha nool. Waxa kale oo dalka u keydsami karta lacag adag oo dibedda uga bixi lahayd.

Tarminta Xinnaha

Geedka xinnaha ah waxa laga tarmin karaa abuur (siidh) ama laamo lasoo gooyey oo dhulka ama bacaha dhirta lagu kobciyo (nursery bags) lagu rido. Biyo badan ayuu u baahan yahay si siidhku u biqlo(maalin dhaaf marka bacaha neersariga lagu biqlinaayo, sidoo kale, maalin walba marka dhulka lagu biqlinaayo). Bacaha neersariga ayaa ugu habboon in loo isticmaalo tarminta xinnaha, iyadoo niista (bataaxa), ciid-madowga iyo digaga la isugu walaaqayo saddex meelood oo is-le'eg.

Abuurka (siidhka) xinnuhuu wuxuu ku jiraa dahaadh ama qolof aan adkeyn oo wareegsan oo gudihiisa laga heli karo inta u dhexeysa 50-100 xabbo oo yar yar, muuqaalkooduna yahay saddex-geesood iyo midab bunni ah.

Marka xinnaha laga tarminaayo laamaha la soo googooyey oo dhererkoodu ka badneyn 25cm, dhumucdooduna 7mm, waxa in ku dhow 8-10cm loogu aasaa bacaha neersariga ama dhulkaba, halkaas oo lagu waraabiyo. Waxa se xusid mudan in nisbadda si fiican uga biqli karta habkan ay tahay boqolkiiba soddon (30%), halka marka laga biqlinaayo siidhka (abuurka) ay noqon karto boqolkiiba siddeetan (80%).

Dhir xinne ah oo aan aadka u waaweyneyn ee xididka loo soo siibi karo, waxa si fudud loogu beeri karaa meel kale. Waxa se habboon in jawaan qoyan lagu duubi inta laga gaadhayo ama loo diyaarinaayo meesha lagu ridayo. Geedka cillaanka ahi badi uma baahna waxa bacrimin ah, waxana uu ku tamarin karaa roobka cirka, isaga oo adkaysi u leh biyo yaraanta.

Cayayaanka

Dhibaatada ugu weyn ee waxyeelleyn karta qoryaha xinnaha ah iyo abqaalkiisaba oo badiba ku khaas ah dhulka qarfada ah ee ay biyuhu ku yar yihiin, waa dhibaatada aboorka oo ay soo jiitaan bii'adda qoyan ee ku xeeran jirridda geedka xinnaha, halkaaso uu Aboorku diirto dabadeedna uu halkaa geedkii yaraa ku dhinto.

Sida ugu habboon ee lagaga hortegi karo dhibaatada Aboorka waa iyadoo si joogto ah loo baaq-baaqo geedka. Ma habboona in dhibaatada Aboorka lagaga hortago sumaha kiimikada ah, waayo waa wax goor dhow jidhka la marin doono, waxase habboon in la isticmaalo sumaha dabiiciga ah ee dhirta qaarkood laga diyaarin karo (*biopesticides*).

Goosashada

Laba siyaabood ayaa loo goosan karaa: Caleenta oo geedka korkiisa laga dhilo iyo geedka oo la gooyo. Waxa waayo'aragnimo lagu helay in goosiga la goosto bisha Julaay ama xilliga kulaylaha ah uu yahay ka ugu fiican. Maxaa yeelay, midabka ku jiraa waxa uu kordhaa xilliga kulaylka. Dhinaca kalena, goosiga xilliga qaboobaha (sida bilaha Jeenaweri iyo Feebaweri) ayaa ah mid ka tayo liita kan hore. Habka hore in kastoo deegaanka u dhowris badan yahay, haddana wuxuu xadeynayaa goosiga, waana hab howl badan. Markase la isticmaalo habka gaagaabinta, wey fududahay sida loo goosanayaa, tayada xinnuhuna wuu ka fiicnaanayaa. Habkan dambe waxa loo baahan yahay in geedka laga gooyo meel gunta u dhow (ama ka sarreysa dhulka ilaa 5cm). Markaa laamaha caleemeysan ayaa lagu raseynayaa meel hadh iyo dugsiba leh – afar ilaa 5 cisho, si ay caleentu u engegto, markaas kaddib si fudud ayaa caleenta looga daadiyaa iyadoo ul lagu dhufanaayo. Dabadeed caleenta dhulka ayaa laga ururiyaa, kiishashna waa lagu ridaa. Geedkan gurma-go'anka laga dhigay sidaas kuma dhinto, ee markiiba wuxuu soo tuurayaa laama cusub.

Engejinta caleenta xinnaha

Caleenta cillaanka marka la soo ururo dabadeed, ama laamaha caleemeysan marka la soo gooyo, waxa la dhigaa meel hadh leh, oon dabeyl lahayn, qoyaankana waa laga ilaalinayaa. Caleenta sidan oo kale loo diyaariyo wey ka midab wacan tahay, dadka isticmaalaya xinnuhuna waxay jecelyihiin inuu midabku noqdo cagaar xoog badan.

Kaydhinta

Waxa fiican in caleenta xinnaha ama budadaba lagu keydio meel laga ilaaliyey kuleylka cadceedda, isla markaana aan qoyaan lahayn. Arrimahani waxay raadeyn karaan midabka iyo tayada xinnaha. Waxa budada xinnaha la keydin karaa muddo ku siman saddex sanno, oo aanu is-beddel ku imaneyn tayadiisa.

Diyaarinta budada xinnaha iyo ilaalinta tayadiisa

Si xinnaha looga dhigo budo, caleenta la engejiyey ayaa la budliyaa (la riqdaa) iyadoo la adeegsanaayo makiinadda wax ridiqda. Dhulka miyiga ah ee dalka Yaman, waxay dhaqan u leeyhiin inay isticmaalaan aalad ay wax ku ridqaan oo gacanta ku shaqeysa, kana kooban laba dhagax oo isku dul wareegaya. Waxase goor walba muhiim ah in la xasuusnaado in dadka isticmaalayaa ay door bidaan xinnaha oo aad loo budliyey. Waxa kale oo muhiim ah in qashinka laga dhex saaro caleenta intaan la ridqin, waxana ka mid ah dhaqxaan, saalo, siidh (abuur) iwm. Ugu dambeyn, in la shaandheeyo budada wey wanaagsan tahay, qashinka kolkaas kasoo hadhana waxa loo adeegsan karaa barcimin (*fertilizer*) waxana lagula dagaalami karaa cayayaanka. Hadhaaga budada ah ee kasoo hadha marka caleenta la riqdo, oo u badan xasow, waxa loo adeegsadaa bacrimin. Waxana lagu dhex walaaqaa ciidda geedka guntiisa. Sidoo kale, waxa ay wax ka tartaa farsamadaasi in cayayaanka qaarkood, ee waxyeellada u gaysta jirridda (sida aboorka) aanay ku degdegin cunidda diirka jirridda. Laamaha engegan ee caleenta cillaanka laga daadiyay, waxa loo adeegsan karaa in kor loogu dhiso khudaarta qaarkood sida tamaandhada oo kale. Waxa kale oo lagu hadheeyaa dhismeyaasha iyo berkadaha, tan dambe si uu u yaraado uumibaxu.

Bikaacyo Deegaan (Environmental Reflections)

Wareegga Macdanta

Dhirta, si ay u koraan, waxa ay u baahan yihiin nafaqo kasoo baxda ciidda. Nafaqada ciidda ku jirtaa inta badan waxa ay ka timaaddaa burburka dhagxanta oo ay ku gudo jiraan macdanaha iyo hadhaaga noolaha (*organic matter*), oo kasoo jeeda durrujowga[89] dhirta iyo xayawaanka. Haddaba wareegga macdantu waa qaab ay nafaqadu uga gudubto ma-noole, uguna sii gudubto noole, mar kalena ugu noqoto ma-noole (marka uu nooluhu dhinto).

Yaraantaydii, dhirta goor walba caleemaysan ayaan ka door bidi jiray kuwa caleenta daadiya labada xilli ee qallaylka ah. Waxa aan ka bartay casharradaydii aqoonta dhiroonka, in fiicnidoodu aanay ka yarayn kuwa goor walba caleemaysan. Waxa gurigayga daaraddiisa ku yaal geed Berde ah – kaas oo aan filayo in uu yahay kii ugu horreeyay, uguna da'da weynaa ee Hargeysa laga beero. Gu' kasta, waxa uu daadiyaa wax ku dhow 120 kiilo oo caleen ah – kuwaas oo aan u qaado beer aan ku lee yahay meel Hargeysa u jirta 90 km si aan ugu nafaqeeyo ciiddeeda. La-yaabna ma laha in dhirta aan caleenta daadin (ee goor walba cagaaran) aan iminka ku sifeeyo 'dhabcaallo!' Keliya, waxoogaa howlgelin dhinaca xaadhista iyo ururinta ayaan kala kulannaa, ha yeeshee waa waxqabad istaahila howshaas. Xaabka jaadkan oo kale ahi waxa uu ka qayb qaataa joogtaynta wareegga

---

[89] "Durrujow" ama "durrujaa" waxa loola jeedaa oodda meel lagu ooday marka ay gabowdo, ee isku dhacdo, ku-joogsiga cagtana ku burburto, iyada oo si tartiibtartiib ah ciidda ugu noqota.

macdanta, waxana uu ka ilaaliyaa ciidda in ay noqoto mid aan waxba laga dheefin, ama aan wax soo saar lahayn.

La qabsi

Dhirtu ma laha maskax, se waxa ay adeegsadaan kiimikooyin la fal gala saansaanka iyaga ku xeeran, sida qabowga, kulaylka, cadceedda, dabka, baahidooda cunto samayneed, haddii xoolo daaqayaan iwm., isla markaana waxa ay falcelin ka sameeyaan saansaanka kolba la soo dersa. Falcelintaas kala duwan ayaa dhirta ka yeelsiisa in ay sameeyaan falliimooyin kala jaad ah, sida: in ay dheeraadaan, caleenta daadiyaan, siyaabo kala duwan isu hubeeyaan sida: qodaxda, ur qadhmuun, mariid (sun) iyo kiimikooyin waxyeello gaadhsiisya daaqeyaasha, amabase ka dhiga waxa loo yaqaan 'geedxun'.

Waxa jira geed la yidhaahdaa Jaleefan, (*Acacia hamulosa*), waxana uu ka mid yahay dhirta qabatintay cimilada adag ee dhulka Gubanka. Waxa ay bahwadaag yihiin Biliclka (*Acacia mellifera*) oo aalaaba ka baxa dhulka Oogada iyo Hawdka. Geedkan caleemihiisu waxa ku gaadhan qodxaan yaryar oo soo rogan oo kaga dhegsan xagga hoose, oo mudi kara debnaha iyo gudaha afka xoolaha.

Geeska bari ee Afrika waxa dhowrkii kun ee gu' ee la soo dhaafay ku socotay saansaan cimilo oo qallayl ah – taas oo sii kordhaysay marba marka ka sii dambeeya. Si la mid ahna dhirta gobolkani waxa ay qabatimayeen ama la-jaanqaad la samaynayeen cimiladaas adag si ay u joogtaysmaan oo uu jiraan, waxana jira tartan ka dhexeeya dhirta iyo xoolaha oo ay kuwa hore iska-caabbintooda xoojinayeen, kuwa dambena kolba u hub samaystaan. Tartankaasina waxa uu u dhigmi karaa waxa beryahan dambe adduunweynaha looga yaqaanno "tartanka hubka".

Faygar aan qurux badnayn

Quruxdii buurta dawga Sheekh waxa dhasrinaya ama dilaya xarxarriiqyo rinji lagu qoray oo badiba u dhigan qaab xayaysiin. Qof sidayda oo kale jecel abuurta (dabiicadda), oo xilliyada qaarkood, u iisha in uu ku dhex libdo jaakada (dhulka cid la'da ah), kana muquurto buuqa magaalooyinka, foolxumada qoraalladaas iyo muuqaalladaas aan oollin meelihii ay ku habboonaayeen, waxa ay deggannaanshaha nafta ku yihiin daandaansi. Weliba waxa dheer baco iyo caagaggii biyaha iyo cabbitaannada oo filiqsan, fool xumeeyayna jidka hareerihiisa.

Meeshani waxa laga yaabaa in ay qayb ka ahayd dhulkii ay boqoraddii Xatshebsuut jacaylkii ay u qabtay iyo daltabyadeedii ugu luuqaysay sidan:

"Waxa ay (Arlada Bunt) tahay gobolkii barakaysnaa ee Carriga Eebbe; waxa ay tahay meesha iga jeedisay werwerka, raynrayntana i gelisa; waxa aan ka yeeshay taydii (aniga ayaa iska yeeshay) si aan ugu dhaqo (maydho) ruuxdayda, aniga iyo hooyaday, Xatxuur … Marwada Bunt".

Kaddib laba kun oo gu', oo ay ku lammaan yihiin qardoofooyinkii doorsoonka cimilo, iyo tobannaan gu' oo xaalufin dhuleed ah, meeshaasi weli kama madhna qayb ka mid ah quruxdeedii indhaha iyo dhaayaha dheehanaya wax loo saaray (sixriga ahaa). Gar miyay tahay in aynnu raadkan taban kaga tagno, jeeroo uu noqdo mid cariya diidmada facaadda (facyowga) dambe ee ku aaddan falliimooyinkeenna xilkasnimodarradu ku dheehan tahay?

Geed Gooniyaad

Waxa jira geed gooniyaad ku yaal banka Bancadde, ee Gobolka Sanaag. Geedkaasi waa Higlo (*Cadaba heterotricha Stocks*). Weyddiinta ugu horraysa ee maanka qofka ku soo dhaci kartaa waxa ay noqon kartaa, sidee buu u tamariyay, ugana badbaaday goor walba godin sitaha reer guuraagaha? Runtiina waxa ku dhan dhammaan sifooyinkii jab-ka-soo-doognimo. Dal ay abaaruhu yihiin qaar soo noqnoqda, waxa laga yaabaa in abuurka uu geedkani markiisii hore ka biqlay ku beegmay xilli roob wanaagsani da'ay. Gu'yaashii uu curdinka ahaa, waxa uu hoodo u helay in dhiroon ay ka mid yihiin geedgaab gabbood uga noqdaan siibitaanka riyahu rujin lahaayeen. Kaddib waa uu koray, ilaa uu gaadhay heer uu u ban dhigmo daaqitaanka tooska ah ee xoolaha, waxana uu isku dayay in uu cariyo hayaaydiisii qaylodhaaneed si uu u bixiyo kiimikooyin ka waabsha daaqista xoolaha. Gu'yaal kale kaddib, waxa uu gaadhay heer ay xooladhaqatadu hungureeyaan in ay ood ahaan u goostaan. Ha yeeshee, baahida ay u qabeen hadhkiisa xilliga kulka Xagaaga ayaa waabisay halistaas. Dhowr gu' markii laga joogay, bulshadii magac ayay u bixiyeen geedii – kaas oo fiday oo meel walba ka dhacay. Geedkan oo kale waa taallodhuleed iyo tilmaame. Waxa laga helaa hoos ay dadka, xoolaha iyo noolaha kaleba hadhsadaan. Waa barkulan lagu qabsado shirarka iyo garta. Haweenka waxa ay u tahay xarun ay Sitaadka (Abbaay-Siti) ku qabsadaan, carruurtuna ku ciyaarto Leelo goobalay, Shabadaan iyo ciyaarodhaqameed kale. Shimbiraha ayaa isku taaga, buulashoodana ka samaysta.

Haddii aynnu yar suuraynno muuqaallo jiray waayo hore, kol uu dadku isu-dheelli-tirnaan kula nolaa abuurta (*nature*), marka la barbar dhigo xilliyadan dambe, waxa horteenna iman kara muuqaalkan oo kale: Nin xoolo dhaqato ah ayaa isaga iyo xayntiisii hadh galeen geedkan hoostiisa, kolkaas oo Masocagalay/afar iyo addinlay ka baxsanaysa kulaylka dhulka korkiisa ay qabow u raadsatay, halkaas oo ay inta badan ku negaan doonto qaybaha ugu badan ee xilliga abaarta. Inay soo dhaadhacdo xamaaratadani waxa ay qofka reer guuraaga ah u ahayd bushaaro – iyada oo tilmaan u ahayd in uu soo dhawaaday xilligii roobabowgu (roobku).

Hoog shimbireed

Maalinba ta ka dambaysay, waxa magaalooyinkeenna ku soo kordhaya dhismeyaal derbiyadooda lagu qurxiyay ama lagu nabay amuraayado midabaysan (siiba midabka cir u ekaha ah) iyo alumiiniyam. Marka laga tago in ay magaalooyinkeenna qurux ku soo kordhinayaan, haddana waxa ay noqdeen goobaha ay ku gumaadmaan shimbiruhu. Maxaa yeelay, sida ay xawaare xooggan ugu duulayaan, ayay hirdiyaan muraayadahaas cir u ekaha ah (buluugga), iyaga oo moodaya cir bannaan, halkaasna wey ku dhintaan. Qof aannu jaal nahay oo aan ka ag fogayn guri weyn oo qaabkaas loo dhisay ayaa ii sheegay in uu u soo joogay 27 shimbirood oo duqeeyay dhismehaas, kuna dhintay goobtaas, ammin ku siman hal gu' gudihiis. Waa arrin murugo leh!

Eebbe waa kala dhambalaha abuurka (iniinta)

"Eebbe waa ka kala dhambala iyo ka biqliya abuurka (midhaha badarka) iyo laftimireeedkaba; mid nool buu wax dhintay kasoo kicinayaa (kasoo saarayaa); wax dhintayna mid nool buu kasoo bixinayaa. Haddaba kaas (sidaas ka yeelsiinaya) weeye Eebbe, ee sideebaa la idiin baal mariyay Runta?" (Al-ancaam: 95)

Maxaa ka raynrayn badan in mid innaga mid ahi sabab u noqdo in abuurka (siidhka) yar ee lagaga tegay miiska cuntada korkiisa, kuna dambayn lahaa kuddaafadda, ahaado mid biqla, kora, la hadhsado, midho bixiya, ka qayb qaata safaynta hawada, bixiyana naqaska ogsajiinta lagama maarmaanka u ah nolosha, ugu dambaynna abaalmarin Eebbe hela!

Doofaar

Dabar go'a ku dhacay libaaxii, ayaa keenay in tiradii doofaarradu kor u kacaan. Sidoo kale, daayeerka (*Papio hamadryas*) ayaa si tiro ahaan sii kordhaya, kaddib markii uu yaraaday (ugaadhsi awgeed) shabeelkii oo si door bidi jiray hilibkiisa. Haddii aanay jirin rumaynta diineed ee ah in hilibkoodu yahay lama taabtaan (xaaraan), waxa la arki lahaa in ay tiradoodu sii yaraato. Waxa kale oo taranta doofaarka sii gacan siiyay rumaynta diineed ee ah in hilibkiisu lama taabtaan yahay. Dhinaca kale, iyada oo uu jiro nacayb dadku la beegsadaan doofaarka, waxa uu lee yahay taransiyo (faa'iidooyin) deegaan, si la mid ah qooblayda kale, oo ay ka mid yihiin budlinta carrada si ay biyaha roobku u galaan ama ugu joogsadaan, furfuridda ciidda, iyo saaladiisa oo ciidda nafaqaysa.

Aboorka

Iyadoo aboorka badi loo arko cayayaan, runahaantii waxa uu hayaa ama ku beegan yahay waxqabad bii'adeed (deegaan) oo doorroonaantiisa leh. Marka uu dhirta engegan ku baxo, si uu u diirto oo cunto uga samaysto, waxa uu fududeeyaa burburinta qaybaha kala duwan ee geedka sida jidhifta, maydhaxda, mullaaxda, caleenta, qoryaha iwm. Waxana uu ka qayb qaataa habsami u shaqaynta meertada/wareegga macdanta. Kolkaasna ciidda ayaa nafaqo yeelata, furfurnaata, biyahana si wacan u qaadata.

Waxa jira qoraal intan ka faahfaahsan oo aan ka qoray aboorka oo laga heli karo boggayga ahmedawale.blogspot.com. Qoraalka magaciisu waa "Aboorka iyo Amuurihiisa".

Khayraadka arlada

"Arlada waxa ku sugan wax ku filan qof kasta baahidiisa, ha yeeshee kuma fillaan karto hunguri weynaanta qof kasta".

Mahatma Gandhi waxa uu hadalkan yidhi xilli tirada dadka ku nool Hindiya iyo weliba adduunweynuhu aanu u kordhaynin sida la-yaabka leh ee maanta oo kale. Hadda se, iyada oo aynu aragno xawliga khayraadka arladu u sii idlaanayo iyo tirada dadka ee cirka isku sii shareeraysay, waxa aynnu si kalsooni ku jirto u dhihi karnaa in arlada khayraadkeedu ku filan yahay uun tiro kooban oo dad ah oo dareenkooda dhowrista deegaanku noolyahay, tashiili ogna khayraadkaas.

Hormo yar oo ku jirtay buuggii Drake Brochman "British Somalilad" (1910),   kaddib markii uu qoraagu   ka sheekeeyay adkaanta jiilaal:

"…. Ha yeeshee abaalcelin baa sugaysa dhir-aqoonka danaynaya dhiroonka carriga Soomaaliyeed, roobab yari marka ay da'aan kaddib; gebi-ahaanba waxa is dooriya muuqaalkii dhulka, sidii oo ul sixir la dul mariyay, maalmo gudahood ayay dhirtu huwataa caleen, toddobaad kale ama laba kaddibna waxa qabta ubaxii, hawadana waxa ku wadhma carfoonaantii dhirta qodaxlayda; halka ay dhiroonka yaryar iyo geed-gaabku u tartamaan kolba kooda ugu hor bili kara (bilic siin kara) dhulka, kuna qurxin kara midabyo kala duwan.   Qudinquutooyin quruxdeeda la qaayibo, Dahabo-uur-casta midabaysan, babqaaga/bulbulka, iyo shimbiro kale, ayaa kaymaha iyo bannaannada ku nooleeya codadkooda iyo heesahooda; halka ilayska dayaxu ee ku jiifsaday dooxyada waaweyn ee ay ku gooddiyaysan yihiin dhirta dhaadheeri uu shimbirka *nightingale* ku soo dhaweeyo codad macaan. Haddaba, haddii ay tani tahay lama-deggan (ama ay dad ku sheegaan), waxa ay tahay mid raynrayneed."

Maanta, in yar ka badan boqol gu', kaddib markii uu qoraagaasi qoraalkan dhigay, waxa uu dalkii ku dhow yahay in dhul baaba' ah. Runtii waa waxa aynnu halkan ku haynnaa is-barbardhig murugo leh. Tayada nolosha ee dadku iyana xoog ayay u muquuratay. Si aynnu u sii jirno, aynnu gacmaha is qabsanno si aynnu u dhowrno deegaankeenna, daryeelna ugu fidinno; maxaa yeelay waxa dhowrsoomaya, daryeelna helaya aadamaha. Haddii aynnu ku tumannona, oo aynnu baylihinnona, waxa wadeecoobaya aadamaha.

Niyad-wanaaggu marmarka qaar buu dhaliyaa aafooyin deegaan

Waa dhaqan wanaagsan oo soo kordhaya in bulshooyinka kala duwani u tartamaan horumarinta degaannadooda. Ha yeeshee, in guul laga gaadho mashruuc, waxa ay ku xidhan tahay sida ay bulsho isu abaabusho, uga qayb gasho – maal, maskax iyo muruq, iyo weliba baahida mashruuca loo qabo. Waxa kale oo ka mid ah guulaysiga mashruuca in qorshe wanaagsan oo fulineed loo sameeyo.

Tusaale waxa aynnu u soo qaadanaynaa sheekadan soo socota: Waxa jirtay bulsho isu abaabushay in ay waddo dhistaan. Waxana ay guda galeen in ay dhaqaale iska dhex ururiyaan. Ha yeeshee halkii ay kolba qayb jidkaas ka mid ah dhammayn lahaayeen – iyaga oo ku sar goynaya kolba hayntooda, kaddibna tallaabo tallaabo ugu gudbaya geeddi-socodka xiga, lacagtii ay hayeen idilkeed waxa ay u adeegsadeen cagafcagaf si qummaati ah u bannaysa dherer gaadhaya lixdan kiiloo-mitir.

Ciddii qorshaynaysay mashruuca filashadoodu waxa ay ahayd in hantidu si joogto ah u soo qulquli doonto, marka la arko 'horumarka' laga sameeyay bannaynta jidka. Maxaa wacay, sida ay qabeen, dadka ayay ku dhiirri gelin doontaa in ay wax-ku-darsigooda dhiibtaan oo joogteeyaan ilaa mashruuca dhammaadkiisa. Ha yeeshe, siday doonaanba wax ha u dhacaan e, waxa joogsatay lacagtii soo xeroonaysay. Haddaba, bal malee, 60 km oo toos ah oo ciiddii hoos loo jaray ugu yaraan 10 cm dhul ku habboonaa daaqsin.

Dhulkii waxa uu u saafmay sidii neef geel ah oo la gawracay oo indhihiisi dhagaxoobay cirka ku talligmeen. Malaayiin dhiroon ah oo isugu jirta caws, geed-gaab iyo dhir waaweyn ayaa lagu tirtiray bannayntii. Gaadiidlaydii ayaa mariikba ogaatay jid-cadduhu in uu toobiye yahay, waxana ka dhashay in ciiddi sii budlisanto. Kaddib, roobabkii ayaa soo haabtay oo soo hooray; dhowr gu' oo kale gadaashood, jidcaddihi waxa uu isu dooriyay tog ama iliilad. Tallaabo tallaabo dhinaca quluulka (foororka), waxa kolba sii kordha xawaaraha ay biyuhu ku socdaan, waxana ay xambaarayeen ciiddii budulka ahayd.

Mashruucii ulajeeddadiisu ahayd in uu noqdo halbowle isku xidha tuulooyinka, fududeeya socodka, soona yareeyo fogaanta, ayuun baa mar keliya isu dooriyay mas weyn oo xambaara ciidda nafaqada lahayd, biyihiina kasoo urursha, kana soo gororiya dhul-daaqeenkii ku hareeraysnaa.

Goldaloolo weyn oo ka dhex muuqatay qorshe xumaanta, waxa ay ahayd la-tashi la'aanta xeel-dheereyaal dhinaca deegaanka oo baadhi lahaa raadaymaha taban ee ka dhalan kara mashruuca, kana talo bixin lahaa sidii loo yarayn lahaa.

Haa! Niyad-wanaaggu marmarka qaar buu dhaliyaa aafooyin deegaan

Dhirtuna waa abaal ceshaan!

Dhowr gu' oo tegay ka hor, kol aan baabuur ku socdaalayay dhul miyi ah, waxa aan la kulmay nin godin ku garaacaya jirridda geed Kidi ah (*Balanities aegayptica*), si uu u gembiyo, kaddibna qurub qurub u gaagaabsho si uu dhuxul uga moofeeyo. Waan joogsaday, markiiba waxa aan la carary biyo baabuurka ii saarnaa, waxana aan ku damiyay dabkii ka baxayay jirriddii sida qunyar-qunyarta ah u gubayay, waanaan ku guulaystay in aan bakhtiiyo. Intaas waxa xigay dood kulul oo u bilaabantay sidan: "Kan aan gubayaa ma geedkaagiibaa?" iyo "Waar waxaad gubaysaa geedkeennii". Ugu dambaynna waxa aan ku guulaystay in uu faraha ka qaado geedka. Ka sokow waxtarka geedkan ee dhinaca deegaanka, waxa laga samaystaa udbaha, daabaka, middiyaha iyo hangoollada. Waxa kale oo lagu xoolonabadeeyaa weelka (sida haamaha) biyaha habaya.[90] Xanjokidigu, sidoo kale, waxa ay Soomaalidu rumaysan tahay in ay ilkaha iyo cirridkaba xoojiso.

Dhowr dabshid (gu') oo dambe, aniga oo mar kale ku socdaalaya isla jidkii, waxa iga banjaray mid ka mid ah shaaggaggii baabuurka. Waan joogsaday si aan u hubiyo waxa dhacay. Waan hagaajiyay bansharkii. Kaddibna kor baan uga toosay aniga oo murdisadayda ku tiraya dhididka dhafoorkayga qariyay. kaddib hareerahayga ayaan daymooday, Alla! Waaba isla geedkii aan dhuxulaystaha ka badbaadiyay. Waxa aan u dhaqaaqay xaggiisii aniga oo ay isku key galeen yaab iyo raynrayn. Waxa aan hoos tegay hadhkiisii, markiibana waxa i saaqday oo dhafoorkayga martay neecaw lagu xasuusan karo Janno. Waxana aan bilaabay in aan jirridiisii bogga bogga u saaro; waxana aan is idhi, haddii uu gacmo yeelan lahaa, waxa aan ka dareemi lahaa dhabarkayga.

Luddooyinka (arwaaxda) Rumeeyeyaasha oo ku guda jira Shimbiro Cagaaran

Rasuulka Eebbe (NNKHA) ayaa xadiis ku yidhi: "Arwaaxda dadka Mu'miniinta ahi waxa ay ku dhex kaydsan yihiin shimbiro midabkoodu CAGAARAN yihiin oo fuushan Jannada dhirteeda.... waxana ay ku negaanayaan sidaas ilaa amminta Eebbe ku celiyo jidhkoodii ee Maalinta Isa-soo-saarka".

Waa tusaale sare oo lagala soo dhex bixi karo doorroonaanta ku jirta in la ilaashado oo la joogteeyo ama la daryeelo deegaanka.

Dhirtu waxa ay ka mid yihiin abuurta Eebbe kuwa loogu hor abuuray. Aqoonta cusub ee sayniskuna waxa uu sugayaa in dhiroonkii ugu horreeyay cirka ku xeeran arlada ka nuugeen hawooyinkii sadhaysnaa, una dooriyeen qaar ay wata naqaska Ogsajiinta, sidaasna ay ku suurtogashay nololsha nooleyaasha kala duwan ee uu ka mid yahay aadamuhu. Aqoonta Islaamka marka loo

---

[90] Habaya = inyar inyar u qubaya biyaha

noqdo, magaca "Janno" waxa uu u dhigmaa "beer ama bustaan" waxana Qur'aanka ku soo noqnoqda "Jannaat u cadnin" oo la ulajeeddo ah "beerihii lagu waarayay, ee aan guurayee iyo gaboobayeey midkoodna lahayn". Si la mid ah, aqoonta Masiixiyadda, waxa iyana laga dhex helayaa *"The Garden of Eden"*, ama "Jannadii Cadn".

Nebi Muxammed (NNKHA) waxa uu ku nuuxnuuxsaday doorroonaanta ay lee dahay dhirta oo la beeraa – isaga oo ku sheegay xadiiskiisii caanka ahaa "Haddii Saacaddu (Maalinta Qiyaame) ay timaaddo, oo mid idinka mid ahi ku hayo gacantiisa geed-abqaal; oo uu ogsoon yahay in uu beeri karo intaanay dhicin ama iman Saacadda Qiyaamuhu, ha beero, maxaa wacay, sidaas waxa ugu jirta abaal-marin". (Waxa weriyay Anas bin Malik, waxana uu ku soo baxay *As-Silsilah as-Saheehah* #9., by Shaikh Al-Albaani.

Wax-ka-taransiga dhirtu kuma joogsado inta uu qofku nool yahay uun. Dhaqanka beerista dhirtu waxa kale oo uu lee yahay saamayn ruuxi ah. Xadiis kale, mar uu Rasuulku dhinac marayay xabaalo, waxa ay weritu sheegaysaa in Eebbe (sarree oo korreeye) u iftiimiyay in laba xabaalood cidda ku jirtay loo ban dhigay Cadaabtii Qabriga; maxaa wacay, mid ka mid ahi waxa uu ahaa mid dadka kula dhex jiray dirediraalenimo, halka ka kalena uusan kaadida iska baydhin jirin. Kaddib, Rasuulku waxa uu qaaday laba laamood oo geed-timireed ah, waxana uu ka dul taagay midba xabaal, isaga oo uga jeeda in cadaabta lagaga fududeeyo.

Muuqaal ku saabsan Gallaadi, in ka badan boqol gu' ka hor

"….. Ugu dambayn, waxa aannu soo gaadhnay, meel aad u door ah oo soo jiidasho leh, una dhigan sidii fas kasoo jeeda bir. Waabaannu rumaysan weynna indhahayagii. Waxa ay ahayd oo kale dhagax qaayo leh oo la faseeyay (la qorqoray). Wuu naga hadhay dhulkii cawlnaa ee dubuurta ahaa, waxa se ay tahay muuqaal damallo ku dhiraysan oo naftu ku degayso, doog sida as-gogolka isu haysta, iyo cagaar hodon ah. Kobtan aan ka dhicin dhagaxa imarool[91] waxa ay fidsanayd hal mayl iyo in ka badan, waxana ay u muuqatay sidii janno yar." (Qayb yar oo ka mid ah buugga: The Two Dianas of Somaliland – 1908)

Horaa loo yidhi, hal muuqaal ayaa ka wax sheeg badan 1000 erey. Allaylehe qoraalkan yar ayaa 1000 erey ka wax ka sheegi og. Waxa aan xiisaynayaa ogaalka inta uu ka duwan yahay muuqaalka Gallaadi ee hadda kaas kor lagu faahfaahiyay.

Cimilo

Ma garan kartaa sida uu ku yimid ama ku dhashay erayga 'cimilo'?

Nin aannu saaxiib nahay oo deggan dalka Ingiriiska ayaa ii sheegay in uu ka maqlay afka Marxuum Abwaan Gaarriye (Eebbe godka ha u nuuro e) isaga oo ka qayb galay soo-ban-dhigid gabay uu jeedinayay Marxuumka. Gaarriye waxa uu ahaa xubin ka tirsan Guddidii Afsoomaaliga ee la dhisay 1972 oo wax-qabadkoodu salka u dhigay dejinta far rasmi ah oo Soomaaliga lagu qoro. Waxa uu marxuumku sheegay in erayga 'cimilo' ka yimid qoritaan silloon (khaldan) oo ay gabadh xoghayn u ahayd Guddidii Qorista AfSoomaaliga ku samaysay erayga Afingiriisiga ah ee 'climate'. Markii ay taasi dhacdayna waxa ay xubnihii guddidu isla afgarteen in cusub ee 'cimilo' loo daayo in uu la ulajeeddo noqdo 'climate'!

Mahadsanid Gaarriye! iyo weliba saaxiibkay Abtidoon oo warkan isoo gaadhsiiyay.

Sawaxanka (sawax) iyo dhawaaqa sare ama qaylada

---

[91] Imerarool = Emerald

Dhawaaqa aan dhibta lahayni waxa uu lagama maarmaan u yahay nololmaalmeedka dadka, ha yeeshee damdamta iyo sawaxanka (*noise*) naftu ma jeclaysato: Maxaa yeelay, waxa uu ku abuuraa dad badan walbahaar iyo cidhiidhyow nafsaani ah – kaasoo weliba maqalka (dhegaha) dhaawac gaadhsiin kara. Damdamta iyo sawaxanku waxa ay ka mid yihiin dhasriyeyaasha deegaanka (environmental pollutants) si la mid ah dikhowga (dhasriyaha) tamarta iyo kulka (kulaylka). Ha ahaatee, in kasta oo aanay ahayn wax la taaban karo (sida qashinka oo kale), waxa ay bixiyaan hirar (waves) aan habboonayn oo kala-dhantaalni geliya hirarka kale ee dabiiciga ah.

Waxa suuqyada Hargeysa iyo magaalooyinka kale ee waaweyn aad looga dareemayaa in dareewalladu la macaansadaan hoonka baabuurtooda, Taraafiguna siidhiga si xoog leh si joogto ah u yeedhiyaan ama u afuufaan. Yeedhinta hoonka, sida kuwa baabuurta jaadka, waxa ay mararka qaarkood sas geliyaan dad badan – heer ay shilal dhalin karaan. Dad badan waxa uu arrinkani ku yahay qalindaar, cubbodhowr iyo xaaladabuur. Kanina waa jaad ka mid ah dikhowga deegaanka.

Eebbow yaanu is dhaafin odhaahdayada iyo falaaddayadu

Maalin maalmaha ka mid ah, xilli aan ka shaqaynayay hay'adda Candlelight, mid ka mid ah hay'adaha ugu waxqabadka badan arrimaha dhowrista deegaanka, oo aan markaas Agaasime Guud ka ahaa, waxa xafiiska nagu soo booqatay gabadh ka socotay hay'ad kale oo markaas nala maalgelisay mashruuc deegaan. Waxana ay u timid in ay kormeer ku samayso mashruuca. Haddaba waxa ila qummanaatay in aan raaco, una wehel yeelo. Waxa kale oo nagu darsamay laba shaqaale ah oo kale, oo midkood shaqada ku cusbaa. Intii aannu gaadhiga ku socdaalaynnay, waxa ay noo noqotay door (fursad) aan faahfaahin ka bixiyo howlaha hay'adda ee kala duwan ee dhinaca deegaanka, iyo weliba firfircoonida iyo danaynta shaqaalahu u hayaan dhowrista deegaanka. Aad iyo aad bey ula dhacday xogihii aan bixinayay. Se goor aan goor ahayn ayaa inantii shaqada ku cusbayd ay daaqadda ka tuurtay dhalo madhan oo ay ka cabtay cabbitaan. Markiiba waannu is wada eegnay, yaab awgiis.

"Sideebeydun isu waafajin kartaan falaaddan (falkan) iyo danayntiinna dhowrista deegaanka ee aydin sheegaysaan?" Ayay tidhi iyada oo diiddan waxa dhacay, haddana kaftan ahaan u dhigaysa.

Runtii ma ay jirin wax falkaas loogu cudurdaari karo.
Eebbow yaanay is dhaafin odhaahdayada iyo falaaddayadu!

Shinni la baro kiciyey

Maalin maalmaha ka mid ah, aniga oo socdaal miyi ugu baxay, waxa aan la kulmay goob ay markaas ka socotay dhuxulaysi ballaadhani. Indhahaygii waxa ay keloo ku dhaceen tuulal dhowr ah, oo hubanti-ahaan ay ku gudo jireen qoryo la gaagaabshay oo laga soo jaray dhir goobta laga garaacay. Kaddibna, inta lagu gufgufeeyay caws ama geedgaab wixii meesha ku hareeraysnaa, ayaa korka lagaga sii daboolay jiingado ka samaysan foostooyin la kala fidiyay. Mid kasta oo ka mid ah tuulalkaas, waxa lagu sii deday ciid loogu talo galay in ay yarayso hawada ogsajiinta ah ee tuulalka dibedda uga geli kara, si ay qoryuhu qunyarqunyar u moofoobaan. Af yar ayaa korka laga banneeyay si uu uga baxo qiiqa ka samaysmay qoryaha sida aayarta ah u moofoobaya. Godkaas yar waa la awdaa marka ay qoryuhu si wacan u moofoobaan.

Hereerahaygii baan mar kale eegay, waxana aan arkay sida dhulkii i hor yaallay loogu dooriyay baaba'. Iima muuqanayn geed keliya oo aan si xun loola dhaqmini. Kurtinno raadadkii ay kaga tagtay gudintii lagu jiray cusub yihiin iyo laamo qodxaan leh oo laga soo jaray qodadkii dhirta, ka hor intii aan gunta laga marin (laga goyn), oo madaxyada la soo jeeda iyo guud-ahaan saansaanka meesha iiga muuqday ma uu ahayn muuqaal indhuhu jeclaysanayeen. Waxa aad arki karaysay buulal shimbireed oo dhulka ku filiqsan iyo ugxaantii ku jirtay oo burbursan.

Xasuustaydii waxa uu dib isu celiyay dabshidyo (gu'yaal) dhowr tobaneeyo ah iyo xilligii carruurnimadaydii. Meeshu waxa ay ahayd kob jiq ah oo uu dhiroon si qurux badan u baxday isa sudhnaan jireen laamahoodu. Ciiddeedu hodon ayay ahayd, cawska ku yaallayna wuu raamaystay, hadhkii hadhaca ahaana waxa uu rayska hayn jiray ammin fidsan. Dhirta waxa soo hadoodilay carmo, kana yeeshay meel gabbaad u ah habardugaagga.

Digtooni iyo is-banbaanin ayaan ka yeelan jiray – cabsi awgeed, kol Alle marka aan ku soo dhowaado kobtaas, mararka uu raadaka ama bidhaanta awrtayadii rarayda ahayd ila soo galaan kobtaas. Waxa aan baqo ka qabi jiray mugdiga dhanka bari kasoo gurdaynaya ee baacsanaya iftiinkii maalinnimo iyo sagalka fiidnimo, kana daba gaynaya cadceedda godka ku sii libdhaysa, kaas (muqdigaas) oo wax wal oo cirka hoostiisa ah huwinayay muqdi dhammaystiran.

Socdaalkaygii baan sii watay, waxana aan gaadhay tuuladii Magaalo Yar, oo aan isu taagay in aan bilaale shaah ah ka cabbo, si aan waxoogaa tamar ah jidhkayga ugu soo celiyo, iyo in aan ku maydho dareenkii qadhaadhaa iyo egenggii aan cunahaygaa ka dareemayay, ee ka dhashay u-soo-joogitaankaygii dhulkii la qaawiyay. Durbadiiba waxa i soo beegsatay shinni, kuna xoontay shaahaygii, markii aan kabbo is idhina mid ka mid ahi debinta sare igaga dhegtay. Intii aanan shaahii bakeerigii ka fuuqsan, waxa aan arkay waxoogaa dad ah oo igu hareeraysan Dadku waxa ay ka cabanayeen weerer joogto ah oo ay shinnidu ku hayso tuuladooda. Waxana ay ii sheegeen in ay tahay markii ugu horreeysay, inta ay sooyaalka degsiimadooda ka xasuusan yihiin, ee ay arkaan shinni kacsan oo guluf intan oo kale le'eg ku soo qaadda. Waxa ay keloo ogaayeen in aan ku howllanahay oo hay'addii aan kasoo jeeday wadday barnaamajyo shinnidhaqasho.

Waxa aan u sheegay in iyaga laga goynayo dhaawaca iyo xasuuqa ay ku sameeyeen gabbaadkii boqollaal noole, oo ay shinnidu ka mid tahay, howlaha dhuxulaysi ee ay wadeen awgeed, isla markaana ay shinnidan ku riixayaan barakac iyo dhimasho. Waxa aan u raaciyay hadalkaygii "xitaa haddii aynnu soo xero gelinno shinnida oo ku xeraynno gaaguuro, kama baajin karno macaluul iyo dhimasho, kol haddii mankii ay ka guran lahayd iyo miiddii (dheecaan-ubaxeedkii) ay dhirta ka nuugi lahayd maalinba ta ka dambaysa gabaabsi sii noqonayaan".

MUUQAALLO

Muuqaal 1

Muuqaal 2

Muuqaal 3

Muuqaal 4

Muuqaal 5

Muuqaal 6

Muuqaal 7

Muuqaal 8

Muuqaal 9

Muuqaal 10

Muuqaal 11

Muuqaal 12

Muuqaal 13

Muuqaal 14

Muuqaal 15

Muuqaal 16

Muuqaal 17

Muuqaal 18

Muuqaal 19

Muuqaal 20

Muuqaal 21

Muuqaal 22

Faahfaahinta Muuqaallada

Muuqaal #1: Warab-ka-roon (Habartacay) ku yaal Karin Geeltaba, waqooyiga Gudmo-biyo-cas, Gobolka Sanaag. Geedkan maydhaxdiisa waxa loo adeegsan jiray samaynta weelka iyo xadhkaha. *(Sawirqaade: Qoraaga)*

Muuqaal # 2: Maddaah/Daabaan, waa geed u eeg qumbaha ama qoomaha (cawsanta) oo ku yaal Gudmo-biyo-cas. *(Sawirqaade: Qoraaga)*

Muuqaal # 3: Adaahi (*Adenium somalense*), Marso, galbeedka Sheekh, Sahil Region. *(Sawirqaade: Qoraaga)*

Muuqaal # 4: Geed Berde ah (*Ficus vasta.*), Wadaamago, Togdheer region. *(Sawirqaade: Qoraaga)*

Muuqaal # 5: Dacardhaadheer *(Aloe eminens), Dawga Tabca, Daalo, Gobolka Sanaag . (Sawirqaade: Qoraaga)*

Muuqaal # 6: Geed Maacaleesh ah (Delonix regia) oo si macno la'aan ah loo gooyey, badhtamaha Hargeysa. *(Sawirqaade: Qoraaga)*

Muuqaal # 7: Jiibaan (*Usnea articulate*) ku maran geed dayib ah, Daalo, Gobolka Sanaag. Waxa ay tilmaam u tahay in xaddiga ceeryaantu tahay mid ku filan kobcinta dhirta buurta. *(Sawirqaade: Qoraaga)*

Muuqaal # 8: Mooli/Dinaw (*Draceana schizantha*) ah oo ka laalaada Jarka Daalo. *(Sawirqaade: Qoraaga)*

Muuqaal # 9: Qoraaga buugga oo dhinac taagan geed Mooli ah oo ka laalaada meel u dhow gebiga waqooyi ee Gacan Libaax. Musdambeedka hore waxa laga arki karaa dhulkii Gubanka iyo bannaanadii xeebta. *(Sawirqaade: Qoraaga)*

Muuqaal # 10: Buurta Gacan Libaah: Muuqaal bilicsan oo ugbaad ah. Nabaad soo celinta buurta waxa qayb weyn ka qaadatay hay'adda Candlelight. *(Sawirqaade: Qoraaga Buugga)*

<u>Muuqaal # 11:</u> Waxaro-waalis *(Ipomea cicatricosa)*, geedubaxeed qurux badan. *Sawirqaade: Qoraaga buugga)*

<u>Muuqaal # 12:</u> Qarjebin doox oo ka dhashay daadad daran. Waxa ay tilmaan u tahay xaalufinta dhulka ay biyuhu kasoo rogmadaan. Cadaadley, Gobolka Maroodi Jeex. *(Sawirqaade: Xariir Ibraahin)*

<u>Muuqaal # 13:</u> Fardo hadhaadi ah oo ku sugan Bancadde, Goboka Sanaag. *(Sawirqaade: Qoraaga buugga)*

<u>Muuqaal # 14:</u> Tiigsaho biyood, Balli ku yaal Hawdka Burao, Togdheer, Somaliland. *(Sawirqaade: C/rizaaq Baashiir)*

<u>Muuqaal # 15:</u> Gaadiid ku raran dhuxul oo taagan dekadda Kismaayo oo dhoofin diyaar u ah (2003). (Xuquuqda Sawirka: KISIMA Org.)

<u>Muuqaal # 16:</u> Illin ku yaal godka jidka Tabca ee Buurta Daalo. Musdambeedka waxa ka muuqda keymaha jiqda (duud) ah ee Jarka Tabca. *(Sawirqaade: Qoraaga buugga).*

<u>Muuqaal # 17:</u> Cadceed jiilaal oo ka sii dhacaysa Naasa Hablood korkooda. *(Sawirqaade: Qoraaga buugga).*

<u>Muuqaal # 18:</u> Siigo qarisay buuraha Naaso Hablood. Kolba inta uu le'eg yahay xaalufka dhulku ayaa ay darnaan kartaa kicitaanka siigaduna. *(Sawirqaade: Qoraaga buugga)*

<u>Muuqaal # 19:</u> Gumburi ku dhaqan seeraha duurjoogta ee St. Louis Zoo, dalka Maraykanka. *(Source: Creative Commons)*

<u>Muuqaal # 20:</u> Siig *(Alcelaphus buselaphus swaynei)*: Waa qoobley ugaadheed oo dalka ka dabar go'ay badhtamihii qarnigii 20aad. Xasuusta keli ah ee ka hadhay waa doox ku yaal Cadaadlay oo loo yaqaan Siig iyo in uu suugaanta qaar ku jiro.

<u>Muuqaal # 21:</u> Geed timireed ku yaal, Dhud, Boosaaso, Puntland. *(Sawirqaad: Cismaan Maxamed Cali).*

Muuqaal # 22: Dermooyin ka samaysan caw oo iib diyaar u ah, Dalweyn, Qardho, Puntland. *(Sawirqaade: Cismaan Maxamed Cali).*

Qaar ka mid ah Dhiroonka Carriga Soomaalida

Magaca cilmiga ah	Magac Soomaali
Acacia albida	Garbi
Acacia hamulosa	Jaleefan
Acacia horrida	Sarmaan
Acacia bussei	Galool
A. edgeworthii	Jeerin
Acacia etbaica	Yubbe/ Sogsog
Acacia millifera aff.	Bilcil
Acacia misera Vatke	Qansax
Acacia nilotica (Linn.) Del	Maraa
Acacia orfota	Gumar
Acacia Arabica	Cadaad
Acacia tortilis	Qudhac
Acokanthera Shimperi	Waabay
Adenia veneata	Dhallaanlaaye
Adenium Somalense	Warab-ka roone (Habar-tacay/ Habarta caa)
Aeluropus lagopoides	Afruug
Agave sisalana	Xig dhaadheer
Aloe eminens	Dacar dhaadheer
Aloe socotrina	Dacar dhegweyn
Amaranthus blitum Linn.	Cayo guri
Andropogon kelleri	Duur
Andropogen sp.?	Gogane
Asparagus recemosus	Argeeg (ergeeg)
Avicennia marina	Takhay
Azadirachta indica	Niim (Mirimiri Hindi)
Azima tetracantha	Qodaxantoole
Balanities orbicularis	Quud
Balanites aegyptiaca	Kidi
Balanites spp.	Kulan
Berchemia dicolor	Dheen
Blepharis edulis	Caraancar
Blepharisspermum fruticosum	Gahaydh
Boscia coriacea	Qadow
Boscia minimifolia	Meygaag

Bowellia carterii Birdw.	Moxor lab[92]
Bowellia frereana	Yagcar, Moxor cad[93]
Boswellia sp	Muqle
Brachiaria leersioides	Cagaar
B. ovalis	Baldhoole
Buxus hildebrandtii	Dhosoq
Cadaba farinose	Dhiitacab
C. heterotricha	Higlo
C. purpurea	Salamac
Caesalpinia sp.?	Jirma
Calotropis procera	Booc
Caralluma socotrana	Gowracato
Cassia obovata	Jaleelo
Casuarina equisetifola	Showri
Celtis kraussiana	Dhebi boodaar
Cenchrus ciliaris	Guddoomaad
Cephalocroton cordofanus	Jimbac
Ceratostigma speciosum	Arabjab
Ceropegia sp.	Marooro
Ceropegia sp.	Doombir
Chrysopoden aucheri	Dareemo
Cissus sp.	Carmo
Citrullus vulgaris Schrad.	Unuun
Cocculus pendulus	Xayaab
Combretum sp.	Cobol

---

[92] Xabagta waxa la yidhaahdaa "Beeyo". Carabtuna waxa ay u taqaan "Lubaan-deker". In la shito ka sokow, dadka qaba xanuunnada kaadimareenka ayaa biyo loogu qooshaa, lana cabsiiyaa. Waxa kale oo laga samayn jiray cambar samays ah oo qurux ahaan dumarka luqunta ku xidhan jireen, ragga qaarna hal fas oo saan lagu jaxaasay ay qoorta sudhan jireen. Sidoo kale waxa laga samayn jiray midhaha tusbaxa.

[93] Xabagta waxa la yidhaahdaa "Mayddi". Xanjo fiincan ayay leedahay. Weelka caanaha ama biyaha qubayana waa lagu xoolonabadeeyaa.

Commelina sp.	Baar
Commicarpus spp.	Geed irmaan
Commiphora candidula	Raxan reeb
Commiphora myrrha	Dhiddin[94]
Commiphora crenulata	Gowlallo
Commiphora drake-brockmannii	Dhunkaal
Commiphora erythraea	Xagar cad
Commiphora hildebrandtii	Xagar madow
Commiphora hodai	Xoday
Commiphora opabalsamum	Goron madow
Commiphora guidotti	Xabag hadi[95]
Commiphora opobalsamum	Dhasayno
Commiphora tubuk	Tobbog
Conocarpus lancifolius	Dhamas
Cordeauxia edulis	Gud (geedka Yicibta)
Cordia ovalis/ Corida somalensis	Madheedh
Crotalaria comanestiana	Gabbaldaye
Cymbopogon floccosus	Carrabjeeb
Cymbopogon schoenantus	Caws dameer
Cynodon dactylon	Doomaar maadow
Dactyloctenium robecchii	Gubaangub
Dactyloctenium scindicum	Saddexo
Dalbergia commiphorodes	Dhuyuc
Danthoniopsis barbata	Caws tumbulle (timoole)
Delonix elata	Lebi
Doberaa Glabra	Garas
Dodonaea viscosa	Xayramad
Dracaena schizantha	Mooli/Dinaw
Dasysphaera robecchii	Maraboob
Ehretia orbicularis	Himir

---

[94] Waayadii hore, wax yar oo malmal ah ayaa biyo lagu mili jiray, carruurta mujada ahna waa la cabsiin jiray, iyo weliba marka ay ilkuhu u soo baxayaan. Waxa la rumaysnaa in uu marka hore ka-hor-tag u ahaa isha (cawrida), xilliga dambena uu kaarjebiye ahaa.

[95] Wax yar oo Xabag Hedi ah oo biyo lagu walaaqay ayaa la dawo ahaan loo cabsiin jiray qofka qaba xanuunnada kaadimareenka. Si la mid ah halaha irmaan ayaa la cabsiin jiray si uu caafimaadkoodu u roonaado.

Ehrharta abyssinica	Gowsomadoobeeye
Eleusine floccifolia	Gargoor
Eragrostris papposa	Xarfo
Etada abyssinica	Faradheere
Euclea kellau	Maayeer
eucalyptus camaldulensis	Baxrasaaf
Euphorbia grandis	Xasaadin
Euphorbia spinescens	Derinder
Euphorbia gossypina	Cingir
Euphorbia robecchii	Dharkayn
Euphorbia somalensis	Falanfalxo
Euphorbia spp.	Dhalanyadhuux
Euphorbia breviarticulata	Dibaw
Ficus glumosa/ F. Vasata	Berde
Ficus salicifolia Vahl	Dhicir
Ficussycomorus L.	Daray
Grewia bicolor Juss.	Dhebi
Grewia erythraea	Maddooyaa
Grewia tenax	Dhafaruur
Grewia villosa Willd.	Gommoshaa
Grewia sp.?	Hohob
Gymnosporia arbutifolia	Dhegmud
Gynandropsis gynandra	Cayo guri
Gyrocarpus asiaticus	Yucub
Heteropogon contortus	Cawsguduud
Hildebrandtia somalensis	Daanyo
Hyphaene carinensis Chiov./Livistona carienensis	Maddaah/Dinaw
Hyphaene reptans Becc.	Caw
Hyphaene thebaica	Qoome, cawsan
Hypoestes forskaolii	Geedo waraabe (Faaraxood)
Indigofera sparteola	Jillab
Iphiona rotundifolia	Gagabood
Ipomoea donaldsoni	Bulumbul
Ipomoea nephrosepala	Jadeer

Ipomoea sp.	Waxarawaalis
Jatropha sp.	Jilbadhiig
Juniperus procera	Dayib
Justicia sp.	Sarin
Justicia minutifolia	Buuxiso
Kelleronia spp.	Gorayo kaga xaaris
Lachnopylis oppositifolia	Biyeys
Lactuca spp.	Burdad
Lantana petitiana	Geed Xamar
Lasiurus hirsutus	Darif
Latipes senegalensis	Jabi-oke
Leptadenia spartium	Moroh
Limonium axilllare	Caws biyood
Lowsonia inermis	Cillaan
Lycium europaeum L.	Surad
Maerua angolensis	Laamalooye
M. crassifolia	Jiic madow
M. sessiliflora	Jiic
M. sphaerogyna	Qadow
Ochradenus baccatus	Mirrow
Ocimum americanum	Dhikri
Olea somalensis Baker	Weger
Osyris abyssinica Hochst.	Casaaso
Panicum turgidum	Dungaari
Parkinsonia aculeate	Sabsabaan
paspalidum desertorum	Garagaro
Pavetta venenata	Ruqumbaa
Pavonia Arabica	Midho geeljire
Pavonia sp.	Balanbaal
Phoenix dactylifera	Timir
Phoenix reclinata	Maydho
Tamarindus somalensis Mattei.	Xamar (jaadka xero-dhaladka ah)
Pistacia lentiscus	Xiis
Pistacia falcata Becc.	Siisay
Prosopis juliflora	Garanwaa
Psiadia Arabica	Weila subke
Raphanocarpus stefaninni	Gasangus

Reseda oligoeroides	Dhebi-yar
Rhus somalensis	Ilka caddeeye
Salsola bottae	Gowsomadoobeeye
Salsola foetida	Gulaan
Salvadora persica	Cadday/Rumay
Salvia somalensis Vatke	Surad madow
Sansevieria guineensis Wild.	Dacar dhegweyn
Sansevieria ehrenbergii	Xaskul
Sansevieria abyssinica	Xig
Agave sisalana	Xig dhaadheer
Sarcostemma viminale	Xangeeyo
Senecio longiflorus	Godor
Senra incana Cav.	Balambaal
Sericocomosis pallida	Wancad
Sesamothamnus busseanus	Salelmac
Schinus molle	Mirimiri
Sideroxylon gillettii	Shooy
Solanum carense dunal.	Kariir
Solanum somalensis	Dameero rogad
Solanum sp.	Mooh
Solanum sp.	Micigoodle
Sporobolus spp.	Ramas
S. ruspolianus Chiov.	Sifaar
S. spacatus (Vahl.) Kunth.	Ris
S. variegatus	Dixi
Suaeda fruticosa	Xudhuun
Suaeda sp.?	Daren dameeraad
Suaeda vermiculata	Dinaas, Daran cad, daran
Tamarix aphylla	Dhuur
Terminalia polycarpa	Hareeri
Tetrapogen spathaceus	Aya mukarre
Themeda triandra	Dabashabeel
Tragus racemosus	Nagaadh

Trematosperma cordatum Urb	Mawo
Tribulus terrestris	Gocondho
Tricholaena teneriffae	Ramad gudhiye
Tripogon subtilissimum Chiov	Maxaansugi
Triumfetta sp.	Salweyne
Caralluma somalensis	Ubaatays
Usnea articulata Hoffm.	Jiibaan
Vernonia cinerascens	Hiil
Withania somnifera	Guryafan
Zizyphus hamur Engl.	Xamudh
Zizyphus mauritiana Lam.	Gob
Zygophyllum hildebrandtii	Aftaxolle
Zygophyllum simplex	Kabaqoys

For more comprehensive lists of Somali plants, please refer to the following documents:

1. *A Provisional* Checklist *of British and Italian Somaliland Trees, Shrubs and Herbs.* Glover, P. E., – 1947. Crown Agents, for the Government of Somaliland
2. The Flora of Somalia, 4 volumes. Kew Royal Botanic Gardens (1993), Mats Thulin
3. *The Flora of Somalia: Somali Plant Names and Dictionary (Qaamuuska Magacyada Dhirta Soomaaliyeed)*, Ahmed M. I. Barkhadle; Florence, May 1990
4. *Herbarium Collections at South Eastern Rangeland Project (SERP), Somali Regional State of Ethiopia.* Abdi M. Dahir (undated)

Dhirta Qadhaabka

Plant name	Botanical name	Uses
Afgub	Commiphora tabuk Sprague	Fruits eaten
Canjeel	Mimusops angel Chiov	Midhaha ayaa la cunaa
Cillal	Unidentified Asclepiad.	Geed nagaadh faalala, leh caleemo balballaadhan iyo badhi weyn oo dhulka ku aasan oo la cuno.
Carrab Lo'aad	Ceropedia sp.?	Geednagaadh yar, faalala, leh laamo la cuno oo calamo leh.
Cismaandoy	Monanthotaxis Formica	Geed abaareed aan qodax lahayn, leh caleemo dhuudhuuban, laamo tootoosan oo kala baxbaxsan iyo miro hurdi ah oo la cuno dhexdana laf adag ku leh.
Carmo gorayo	Cissus sp.	Geedsaar. Xilliga abaaraha ayaa midhahiisa la baylin jiray lana cuni jiray
Cayo	Gynandropsis gynandra	Cagaar yar, dhanaan, ka baxa degellada oo la cuno.
Berde	Ficus glumosa/ F. Vasata	Midhihiisa ayaa la cunaa
Dabayood?	Momordica dissecta Baker?	Midhihiisa ayaa la karsadaa
Dhafaruur	Grewia tenax	Geedgaab midhihiisa la cuno
Dinnaax	?	Laamaha iyo caleenta ayaa la cunaa

Daray	*Ficus sycomorus L.*	Midhihiisaa la cunaa
Debnadiir	??	Sida xangeeyada ayaa la diirtaa
Dhebi dhanaan	*Grewia sp.?*	Midhihiisa iyo caleenta ayaa la cunaa
Doombir	*Ceropegia sp.*	Geedgaab badhidiisa la cuno, lagu harraad beelo. Waxoogaa qadaadh ah buu lee yahay
Gacayro	*Caralluna sp.?*	Laamaha ayaa la cunaa
Galool	*Acacia. bussei*	Canbuusha iyo manka ayaa la cunaa. Waana la robogsadaa jirriddiisa
Garas	*Doberaa Glabra*	Midhihiisa ayaa la bayliyaa, waana la cunaa. Ammin fidsan ayuu ku bislaadaa
Gob	*Zizyphus mauritiana Lam.*	Midhaha ayaa la cunaa
Gocoso	*Cyphostemma Adenocule*	Badhi yar oo dhulka laga qoto oo geedka xayn-xayndhadu dhalo oo la cuno
Gommoshaa	*Grewia villosa L.*	Midhahaa la cunaa
Qudhac	*Acacia tortilis*	Dhaameelka ayaa la cuna
Xaadoole	*Cucurbit sp.?*	Xubnahiisa ayaa la cunaa
Xamakow	*Edithcolea sordida*	Xubnahiisa ayaa la cunaa
Xangeeyo	*Sarcostemma viminale*	Laamihiisa ayaa la diirtaa
Xamudh	*Zizyphus hamur Engl.*	Midhihiisa ayaa la cunaa
Himir	*Ehretia orbicularis*	Midhihiisa ayaa la cunaa
Jeerin	*A. edgeworthii*	Dhaameel waaweyn ayuu lee yahay oo cadka ku meersan midhaha la cuno. Midhahana waa la dubta
Jinow-dhanaan	*Commiphora rostrata*	Caleentiisa ayaa la cunaa

Kulan	*Balanities spp.*	Midhihiisa ayaa marka ay casaadaan ama "dhuwamaan" la muudsadaa. Laftana waa la karsadaa.
Likke	*Hydnora abyssinica*	Waa geed geed kale ku nool oo xididkiisa ka baxa kana soo fuura, oo la qoto, lana cuno
Maddooyaa	*Unidentified Rhamnaceous plant*	Midhihiisa ayaa la cunaa
Madheedh	*Cordia ovalis/ Corida somalensis*	Midhihiisa ayaa la cunaa
Murcud (Murcid)	*Ximenia americana L.*	Geed weyn oo qodax gaagaaban iyo caleemo yaryar oo cagaaran leh, oo dhala midho kulkulucsan oo dhexda laf weyni uga jirto, dhadhan dhanaan ahna leh oo la cuno. [96]
Maydho	*Phoenix Reclinata*	Midho "cawaag" la yidhaahdo oo la cuno ayay leedahay
Midhcaanyo	*Grewia erythraea Schweinf.*	Midhihiisa ayaa la cunaa
Midha geeljire	*Pavonia Arabica*	Midhihiisa ayaa la cunaa

---

[96] Drake Brochmann (1912) waxa uu ku sheegay buuggiisii, British Somaliland *Mandarug*, halka Glover (1945) uu diiwaangeliyay laba geed (*Mandarut* (Chiov.) and *Mandurud* (Chiov.) oo wadaaga ila magaca cilmiga ah ee geedkan. Geedkan midhihiisu dhanka midabka dhafuurta kuweeda ayuu u dhow yahay, dhererkiisa dhafaruurta iyo madheedhka ayuu u dhexeeyaa, geed madowgu waqtiga uu dhahriyo ayuu caleen iyo xayba saaraa, qodax ayuu lee yahay kan Quudka ama Kulanka ka yar. (Source: Osman Mohamed Ali)

Moxog	*Manihot aipi Phol*	Xididka la karsadaa
Marooro	*Ceropegia sp.*	Geedsaar ka kooban laamo jilicsan oo la cuno, oo dhadhankiisu dhanaanyahay
Hohob	*Grewia sp.?*	Midhihiisa ayaa la cunaa
Qoodho orgi	*Canthium Bogosensis (Mart.)*	Midhihiisa ayaa la cunaa
Ontorro	*Cordyla somalinses*	Geed weyn qodax lahayn, Hoos (hadh) fiican, oo leh midho kulkulucsan oo macaan
Raxanreeb	*Commiphora candidula*	Geedquwaax. Xididkiisa iyo xanjadiisaa la cunaa
Rooxo	*Coccinea cordifolia Cogn.*	Midhihiisa ayaa la cunaa
Shanfarood	*Garcinia Livingstonei*	Midhihiisa ayaa la cunaa
Sholoole	*Uvaria acuminate*	Midhihiisa ayaa la cunaa
Sobkax	*Glossonema boveanum Decne.*	Midhihiisa ayaa la cunaa
Tiintiin (Tiin)	*Opunita Ficus-indica*	Midhihiisa ayaa la cunaa
Timayulukh	*Hydnora spp.*	Dhulka ayaa laga qotaa, waa macaan yahay, sidoo kale Xoordabacaddaha ayaa qota.
Tukalalmis	*Grewia erythraea Schweinf*	Midhihiisa ayaa la cunaa
Uneexo	*Cynanchum Somaliense N.E. Br.*	Geed nagaadh faalala oo leh caleemo yaryar oo xanaf leh iyo midho kulkulucsan oo la cuno
Unuun	*Citrullus vulgaris Schrad.*	Midho sida xabxabka ah oo dawo ahaan loo qaato, inta la jeexjeedo, caano geel lagu dhex radiyo, dhowr saacadood ka dibna la cabbo
Yaaq	*Adansonia Digitata*	Fruits eaten
Yicib	*Cordeauxia edulis*	Geedka waxa la yidhaahdaa "Gud". Midhihiisa ayaa la cunaa

Waarig	?	Waa sida likkaha, badi dundumooyinka agagaarkooda ayuu ka soo fuuraa.[97]

---

[97] "Waa Waarig e, soo weeraraay!". Waa odhaah ku caan ahayd dhulka miyiga, muujinaysana in aad loo jecelyahay geedkan.

Magacyada qaar ka mid ah duurjoogta

Magaca	Magaca cilmiga ah	Magaca Ingiriisiga
Bakayle	Lepus capensis	Rabbit
Balanqo	Cabus ellipsiprymnus	Waterbuck
Bawne	Procavia capensis	Rock Hyrax
Beyrac	Dorcatragus megalotis	Beira
Biciid	Oryx beisa	Oryx
Daayeer	papio hamadryas	Baboon
Calakud	Oreotragus saltatar	Klipspringer
Cawl	Gazella soemmeringii	Soemmering's Gazelle
Yaxaas	Crocodylus niloticus	Crocodile
Dameer farow	Equus gravy	Grevy's Zebra
Deero	Gazella spekei	Speke's gazelle
Deero	Gazella Pelzelni	Pelzelni's gazelle
Dhidar	Crocuta crocuta	Spotted hyena
Dibtaag	Ammodorcas clarkei	Dibtag
Doofaar	Phacochaerus aethiopicus	Wathog
Garanuug	Lithocranius walleri	Garanuug
Geri (hal-geri)	Giraffa camelopardalis reticulate	Giraffe
Goodir/giiryaale goodir (lab), Adeeryo (dheddig)	Strepsiceros koodoo	Greater Kudu
Goodir caarre	Strepsiceros imberbis	Lesser kudu
Gorayo	Struthio camelus	
Gumuburi	Equus nubianus somalicus	Somali Wild Ass
Hippopotami	Hippopotamus amphibious	Jeer
Fox	Vulpes pallida	Dawaco
Libaax	Felis leo	Lion
Maroodi	Elephas africanus	Elephant
Sakaaro: Gol cas	Madoqua swaynei	Dik-dik
Sakaaro: Gusuli	Madoqua phillipsi	Dik-dik
Sakaaro: Guyuc	Madoqua guentheri	Dik-dik
Shabeel	Panthera pardus	Leopard

	pardus	
Siig	Bubalis swaynei	Somali Hartebeest
Waraabe	Hyaena striata	Hyaena
Wiyil	Rhinoceros bicornis	Black Rhinoceros

Names of some fishes in Somali waters

Waqooyi	Bari	Banaadir	J/Hoose	English Names	Scientific Names
Fuluus	Sucbaan	Sucbaan	Fuluus	Dolphin fish	Coryphaena hippurus
Kalbul baxri	Loolaaq	Ey-maayo	Taada	Shark sucker	Echeneis naucrates
Carabi	Carabi	Caanood	Mkidhi	Mullet	Mugilidae spp.
Qud	Faarde	Shooley	Mutumbu	Needle fish	Albennes Hains
Abushook	Cayddi	Cayddi	Dagaa	Sardine	Sardinella fimbriate
Mukhnuus	Maqnaf	Simibilig	Ubabi	Wolf herring	Chirocentrus dorab
Dawaco	Dawaco	Tixsi-gaad	Nuufi	Indian flat head	Platycephalus indicus
Kumal	Gacoorre	Funni	Fumme	Cat fish	Tachysuridae spp.
Caruusa	Fuur	Maambiyo	Boono	Parrot fish	Scarus Ghobban
Siisaan	Ismiir	Saafit	Taasi	Rabbit fish	Siganus spp.
Laba gadhle	Labo- garle	Fangalaati	Imkooma	Goat fish	Mullidae
Xilwa	Xilwa	Xalaawi	Kuuku	Jack pomphret	Formio niger
Sakhlad	Silqo	Taqo ama Silqo	Takaa	Cobia	Rachycentridae
Caqaam	Ganaad	Aluuso/ Subsaalim	Kisumba	Barracuda	Sphyraenidae
Gaxaash	Gaxaash	Cagoole/ Dhuuban	Tangui-jaafa	Emperor Scavenger	Lethrinus nebulosus
Afdheere	Afdheere	Miraamir	Borasimbo	Long face emperor	Lethrinus miniatus
Cawrad	Tunbuur	Shuure- gale	Mkindhi	Mullet	Liza nebulosus
Cursin	Dhocdhocle	Birbirow	Kaawe	Red stripped sea bream	Argyrops filiametosus
Ximaari	Dhocodhocle	Xabkoole	Ki-oofa	Yellow finned sea bream	Acanthopagrus tatus

Diseases of Livestock and burden animals

Sheep and Goats
1. Buraseella
2. Cabeeb
3. Caal
4. Cambaar
5. Candhagooye
6. Boog
7. Darrato
8. Dibbiro
9. Furuq
10. Geed caanoole
11. Sangalle
12. Kuurkuur
13. Raaf-dillaac
14. Oofwareen
15. Sambabfaraq
16. Sunsun (shuban)
17. Hulumbe
18. Qallal (teetano)
19. Qoorgooye
20. Shubanka maqasha
21. Wadne biyood
22. Waallida xoolaha

Cattle
1. Buraseella
2. Cadho
3. Daba-ka-ruub
4. Dibbiro
5. Dhukaan
6. Itaysa (Garbagooye)
7. Raaf-dillaac
8. Qaaxo
9. Qallal (teetano)
10. Cabeed

11. Cadhokar

Camels
1. Afruur
2. Buraseella
3. Cadho
4. Dibbiro
5. Dhugato
6. Furuq
7. Gabdhow
8. Garbabeel
9. Sangalle
10. Kud/Xaaraan/Kaaraan
11. Qaaxo
12. Jajabow/Rigaax
13. Qallal

Horeses and Donkeys
1. Darfac
2. Raaf-dillaac

Erey Bixin

Ereyga	Ujajeeddo
Abiotic	ma noole
Adaptation	la qabsi ama la jaan-qaad
Afforestation	dhirayn hore leh
Agriculture	Beero
Agropastoral	Iskudhaf-beeralay-xoolalay
Allergy	Caaro
Animal impact	raadeynta xoolaha (waxa loola jeedaa saameynta ee ay raafaha xooluhu dhulka ku leeyihiin)
Annual plant	Dhir sannadle ah; geed noolaan kara sannad ama in ka yar sida xilli keliya oo kale
Antelope	ugaadha la qoyska ah deerada sida cawsha, biciidka, goodirka, sakaarada, garanuugta, calakudda iwm)
Badlands	dhul-xume (waa dhul boholo si baahsan uga dillaaceen)
Barrier	Cubbo-dhowr
Bio-degradable	Qashin iskii u baaba'a
Bio-diversity	kala-duwanaansha noole
Biomass energy	Tamarta dhirta iyo hadhaaga noolaha kale: Waxa uu noqon karaa dareere, guntane and neef laga diyaariyey shey noole ah oo xilli aan sii fogeyn dhintay
Biotic	Noole
Bio-medical waste	Qashinka Cisbitaallada

Biogas	Gas-neefeedka dhiriqda xoolaha, siiba lo'da
Birth control	taran xakameyn
Briquette	Waa lakab u qaabeysan sidii lebben yar yar oo le'eg qor yar oo saabuun ah oo ka sameysan budada dhuxul-dhagaxda ama dhuxusha caadiga ah oo cadaadis iyo xabag la isugu dhejiyey oo la shito
Browser	Caleen-daaqe
Bund	Moos, biyo celiye laga sameeyey ciid
Carbon sink	dejiye-kaarboon ama nuuge kaarboon
Carrying capacity	Mugga daaqitaan
Charcoal production	Dhuxul-soo-saar, dhuxulaysi
Check dam	biyo-qabatin, biyo hakiye
Climate	Cimilo
Climate change	doorsoonka ama isbeddelka cimilada
Coal	Dhuxul-dhagax
Colony collapse disorder (CCD)	asqowga iyo kala-daadashada xoonka shinnida
Community	Bulsho, beel
Compaction layer	lakab dirriyeysan, lakab cufmay ama cufan
Competition	Tartan
Compost	
Contamination	Sadhow, sadheyn
Coping mechanism	Xeelad iska-caabbi
Coral bleaching	dhimashada shacaabiga
Corporate responsibility	xil-kasnimada shirkadeed (ee ka saaran bulshada)
Contour bunds	Moosas xoodxoodan
Crop	Dalag
Dam	biyo-xidheen

Deforestation	dhir-xaalufin, dhir-goyn
Degradation	tayo-dhac
Demarcation	Soohdin
Desert	lama-degaan
Desertification	lama-degaannimo, saxarow
De-shelling	Qolofrid
Disposal	Basrin
Dominant species	noole gacan sarreeye
Downstream	Hoobad doox
Drainage	biyo dareerin, ama biyo-dareer
Drought	Abaar
Dung	Faanto, digo
Dye	Midabeeye
Early warning	Digniinhoraad
Ecosystem	Sabo-deegaaneed
Eco-tourism	Dalxiis deegaaneysan, ama deegaanka la jaal ah
Effluents	Dhikow biyood
Enclosure	Seere
Enclosure, small	Sagaro
Endangered species	Noole halis ku sugan
Endemic	u gaar ah deegan gaar ah
Energy flow	Wareegga tamarta
Environmental impact assessment	Sahaminta raadaynta deegaanka
Eroded areas	Daleed-dheer
Evaporation	uumi-bax
Evolution	Is-reebreebka noolaha, xuubsiibasho
Exotic plant	geed qalaad
Extinct	dabar go', cidhib go'
Family planning	qorsheynta qoyska
Famine	macaluul, cunto-yaraan xooggan
Fertilizers	bacrimiyaal, nafaqeeye

Flooding	daad xoog leh, fatahaad
Fodder	Caws
Food chain	mareegta cuntada
Food security	Sugnaanshiiyaha cuntada
Forester	Dhir-dhowre
Forest guard	Dhir-ilaaliye
Forests	Duud, ay, xidh
Forestry	Cilmiga beeridda iyo daryeelidda keymaha iyo maareynta qoriga laga goosto
Fossil fuels	Shidaallada asal-ahaan kasoo jeeda dhirta iyo noolaha kale
Freshwater	biyo saxar la' (weliba aan milix lahayn)
Gas, natural	Gaas dabiici ah
Genetic diversity	kala-duwanaansha hidde-sidaha
Genetic engineering	Handasada hiddesidaha
Genetically modified foods	Cuntooyinka la min-guuriyay hidde-sidahoodii
Geothermal energy	Tamarta laga dhaliyo kulka (kulayka) dhulka hoostiisa ku jirta
Global warming	diiranaanta arlada
Gravel	Quruurux
Gravity	Cufjiidasho
Grazer	doog-daaqeen, caws daaq
Grazing management	Maaraynta daaqa
Greenhouse effect	Raadeynta guriga cagaaran
Gully	Bohol, booraan, waraar
Habitat	Wada-ool, hoy-deegaanka noole (geed ama xayawaan)
Hand dug well	ceel-gacmeed
Hardpan	Gawaan, dirri
Herbicides	Maaddo kiimiko oo disha dhirta siiba kuwa aan la rabin
Hive	Gaaguur

Holistic resource management (HRM)	Maareynta dhammeyska-tiran ee khayraadka
Honey	Malab
Humidity	Sayax
Hydro-electric power	Awoodda korontada ee biyaha laga dhaliyo
Impact	Raadeyn, saameyn
Impermeable layer	Lakab aanay biyuhu ka dusi karin
Imported species	Noole la soo dhoofshay
Improved cookstove	Girgire Casriyeysan. Girgire dhuxusha madhxiya
Indigenous species	noole xero-dhalad ah
Infiltration	ciid-galka biyaha
Infrastructure	Kaabe
Insecticide	Cayayaan dile
Insects	Cayayaan
Inter-breeding	taran-wadaag, iska-dhal
Island	arlo-yaro
Kerosine	Gaas
Land degradation	Tayo-dhaca dhulka (ciidda, biyaha, dhirta)
Landfill	Kebbis (qashin-kebbis)
Landmark	taallo-dhuleed/tilmaan-dhuleed
Landslides	dhul-dayyaan, dhul go'
Live fence	ood nool, xayndaad nool
Litter	Xaab
Locusts	Ayax
Marginal lands	dhul aan dihinayn, dhul wax-soo-saarkiisu liito
Maturity	Qaangaadh, bislaansho
Micro-climate	cimilo goobeed

Migratory birds	Shimbiraha hayaama
Mineral cycle	wareegga macdanta
Mist forest	Keynta ceeryaanlayda
Mitigation	dhib-yareyn, samato-bixin
Moisture	Qoyaan, rays
Natural resources	khayraadka dabiiciga ah
Negative	Taban
Noxious plant	geed dhiblow ah, sida harame ay adag tahay in la xakameeyaa oo dhib u leh dallagga beeraha iyo caafimaada xoolaha, geed-xun.
Nursery, plant	Xarunta tarminta dhirta
Nutrient cycle	Wareegga nafaqeeyeyaasha
Nutrients	waa cunto ama kiimiko sida nitaroojiin, foosfarta, botaasium iyo sulfarta ee uu noole u baahan yahay inuu ku noolaada ama ku koro
Open grazing (free grazing)	Daaqsin furan
Over-grazing	xaalufin daaq
Ozone layer	lakabka Oosoon
Parasite	deris-ku-noole
Pastoralism	xoolo-dhaqasho
Permeability	Disniinka biyaha
Perennial plant	Geed laba sannadle ah; Geed noolaan kara laba sano in ka badan
Permeable layer	Lakab ay biyuhu ka dusi karaan
Photo monitoring	kormeer sawir, xaaladda is-beddel oo lagula socdo sawir-qaadis
Photovoltaics	Farsamada tamarta cadceedda loogu dooriyo (beddelo) koronto
Palatable species	Geed dhadhan leh, Geedsan
Pasture	Daaq
Pod	Dhaameel, dhimbiil
Pollutant	Sadheeye, dhaln-roge

Pollution	Dikhow, sadheyn, is-dhalan rogid
Positive	Togan
Precipitation	Qoyaan (roob, dhedo, ceeryaan)
Predator	habar-dugaag, cune
Pressure	Cadaadis
Prey	la cune, kii ama tii la cunaayay (siiba xawayaanka)
Quality of life	Tayada nolosha
Rangelands	Dhul-daaqsimeed (caws u badan)
Rational grazing	daaqitaan maan-gal ah, ama qorsheysan oo aan dhib u lahayn dhulka
Regeneration	Fuf, fiil
Recovery	Kasoo kabasho, soo kabasho
Recruitment	Ku-soo-korodhka dhir/daaq cusub
Recycling	Meerto gelin, dib-u-adeegsi, celcelin
Reforestation	dib-u-dhireyn
Rehabilitation	dib-u-hagaajin
Relict	Hadhaadi
Renewable energy	tamarta dib-loo-cubooneysiin karo
Resting land	nasin, siiba dhul-daaqsimeed si loo soo nooleeyo
Rotational grazing	Kaltaminta daaqa
Run off	qulqulka biyaha, sabbeynta biyaha dhulka dushiisa
Rural	Baadiye, miyi
Sand dunes	Bacaad dhisan, bacaad tuulan

Salt lick	Carro: Ciid dhanaanku ku badan yahay oo ay xooluhu leefaan si ay ugu jeel-baxaan
Sand storage dam	Biyo-xidheen ciid koriye ah
Sea turtle	Qubo, Diin-badeed
Semi arid	qarfo-u-eege
Settlement	Degsiimo
Shelter	Gabbaad
Shelterbelt	Dabaylcaabbi
Shrub	Geedgaab
Silt	Bataax
Slope	Sin (sida sinta buurta), janjeedh
Social responsibility	xil-kasnimo bulsheed, mas'uuliyad bulsheed
soil erosion	ciid guur, carro guur
Soil stabilization	Carronegayn
Soil structure	sameysanka ciidda
Solid waste	qashin guntan
Solar energy	Tamarta cadceedda
Sparse	Teelteel
Species	bah-dhireed ama bah-xayawaan
Sub surface dam	Biyo-xidheen ciidda ka hooseeya
Surface water catchment	balli, ballay, war
Symbiosis	is-kaashiga ka dhexeeya nooleyaal kala duwan ee ku salaysan dheef is-weydaarsi
The Tragedy of the Commons	"Dan-guud waa loo daran yahay". Waxa lagu cabbiraa tayo-dhaca khayraadka (sida daaqa la wadaago oo kale) ee ka dhasha daneysi-shakhsi ama kooxeed. Adeegsiga erayadani waxay ku salaysan yihiin maqaal caan noqday oo uu qoray Garrett Hardin 1968 oo mawduucan ku saabsanaa

Terraces	Jaranjarrooyin ka sameysan ciid, dhagax ama dhir
Tillage	Qodaal iyo diyaarin dhul si loo beero
Tourism	Dalxiis
Toxic waste	hadhaaga kiimiko wershadeed, hadhaa sun ah
Toxin	Sun
Trampling	ku tumasho am budlin ciidda. Waa hab la adeegsado raafka xoolaha si dhul dhintay loo soo nooleeyo
Transhumance	Dool. Socodka xoolaha ee ku salaysan xilliga, daaqa iyo biyaha
Transplant	Abqaal
Ungulate	Qooblay (sida deerada, dameeraha, fardaha, riyaha iwm)
Unpalatable species	Geed aan dhadhan lahayn
Upstream	dhinaca sare-u-kaca, xagga sare ee biyo-rogga
Urban	Bender
Urbanization	Bendarinimo, magaalayn
Valley	Ḍooxo, godan
Vegetation cover	Gibil-dhireed
Vegetation zone	aag-dhireed
Water cycle	wareegga biyaha ee joogtada ah ee ay isaga socdaan dhulka, badaha iyo samada
Water effectiveness	Wax-ku-oolnimada biyaha
Water runoff	Qulqulka biyaha

Watershed	Biyodhac
Water trucking	biyodhaamis, gaadhi-gaadhi-saar
Weather	Jawi
Weeds	Harame
Wetlands	Buqo
Wild foods	Qadhaab
Wildlife	duur jog
Wind-break	Dabayl-caabbi
Wind energy	Tamarta dabaysha
Woodcrafts people	Quraar

Kaashad iyo Xigashooyin

1. **Abdi M. Dahir,** *Herbarium Collections at South Eastern Rangeland Project (SERP)*, Somali Regional State, Ethiopia.(undated report)
2. **Academy for Peace and Development (APD),** *Regulating the Livestock Economy in Somaliland*, Hargeisa 2002
3. **Alisha Ryu,** Waste Dumping off Somali Coast May Have Links with Mafia, Somali War Lords.
4. **Annarita Puglielli** iyo **Cabdalla Cumar Mansuur,** *Qaamuuska Afsoomaaliga*, Centro Studi Somali, Università degli Studi Roma Tre, *RomaTrE-PRESS 2012*
5. **Awale, Ahmed Ibrahim & A. J. Sugulle,** *Perennial Plant Mortality in the Guban Areas of Somaliland*, Candlelight study 2011.
6. **Awale, Ahmed Ibrahim,** *Climate Change Stole Our Mist.* Candlelight NGO, Hargeisa, Somaliland (2007)
7. **Awale, Ahmed Ibrahim et. al**: *Impact of Civil War on the Natural Resources: A Case Study for Somaliland (2006)*, Candlelight NGO, Hargeisa, Somaliland.
8. **Awale, Ahmed Ibrahim & Sugule, Ahmed J.**: *Invasion of Prosopis juliflora in Somaliland: Challenges and Opportunities. Candlelight NGO, Hargeisa, Somaliland.(2006)*
9. **Awale, Ahmed Ibrahim** et. al: *Case Study: Integrated Community–based Resource Management in the Grazing lands of Ga'an libah,* Somaliland.
10. **Bally, P.R.O., & Melville, R**. Report on the Vegetation of the Somali Democratic Republic with Recommendations for its Restoration and Conservation, Dec. 1972
11. **Couter, J,** 1987, *Market Study for Frankincense and Myrrh from Somalia,* Tropical Research and Development Institute (TRDI)

12. **Duale,Omer H. & Magan, Abdillahi H**. : *Case Study: Alternative Source of Energy and Reduction of Dependence on Charcoal in Somaliland,* Candlelight Hargeisa, Dec. 2005

13. **Gilliland, H.B.,** *The Vegetation of the Eastern British Somaliland. The Journal of Ecology,* Vol. 40, No. 1, (Feb., 1952), pp. 91-124**.**

14. **Glover**, P. E., – 1947 – A Provisional Checklist of British and Italian Somaliland Trees, Shrubs and Herbs. Crown Agents, for the Government of Somaliland

15. **Ingrid Hartmann et. al.,** *The Impact of Climate Change on Pastoral Communities in Salahley and Balli Gubadle Districts.* Candlelight study (2011).

16. **Hemming, C. F.,** *The Vegetation of the Northern Region of the Somali Republic***.** Anti-Locust Research Centre, London. January, 1966

17. **Herzog, M**., *Forestry and Woodland Management in Somaliland: Problems, Background, Developmental Potentials,* Caritas Switzerland, Lucerne, 1996

18. **Karekezi S. & Ranja T**., *Renewable Energy Technologies in Africa,* AFREPREN, Zed Books, (1997)

19. **Klughardt, Doris and Killeh, Mohamed E**. *Community Based Rehabilitation of Wadi Management in Baki district,* Awdal Region, German Agro Action Somaliland, 2002

20. **Lemma Belay et. al.,** *The Impact of Climate Change and Adoption of Strategic Coping Mechanisms by Agro-Pastoralists in Gabiley Region, Somaliland.* (Candlelight study 2011)

21. **Leslie A**. D., *An Introduction to the Woody Vegetation of Somalia;* British Forestry Project Somalia Research Section, Working Paper 11, (1990), (NRA/ODA)

22. **M. Roderick Bowen,** *a Survey of Tree Planting in Somalia – 1925-1985,* (1988). Oxford Forestry Institute Occassional Papers, University of Oxford

23. **Malte Sommerlatte and Abdi Umar,** *An Ecological Assessment of the Coastal Plains of North Western Somalia (Somaliland),* IUCN, 2000

24. **McCarthy, Gerry et. al**, *Somali Private Sector Appraisal and Recommendations*, May 2005, International Finance Cooperation & the World Bank
25. **Miskell, John.** *An Ecological and Resource Utilization Assessment of Gacan Libaah, Somaliland,* IUCN Eastern Africa Programme, Nairobi (May 2000)
26. **Mohammed Ibrahim Abdi,** *Critical Health and Environmental Issues Relating Leather Industry in Somaliland, Preliminary Environmental Assessment Report* (June, 2014)
27. **Muna Ismail**, **Lewis Wallis** and **Scot Draby**, *Restoring Land and Lives: Report of a scoping mission to examine the restoration and possible domestication of the Yeheb plant in Somaliland,*(June 2015), Initiatives of Change, London, UK.
28. **Sadia M. Ahmed**, *Survey on the State of Pastoralism in Somaliland, PENHA/ICD, 2001*
29. Mats Thulin, *The Flora of Somalia*, 4 volumes. Kew Royal Botanic Gardens (1993),
30. **Wixon, Calvin,** Arabsiyo Soil and Water Conservation Project, (Somali Republic), USAID Dec. 1964

Other documents
1. *Cimilo-Awaal: Daraasado ku saabsan Doorsoonka Cimilada,* Candlelight 2011
2. *Country Economic Report for Republic of Somalia, Synthesis Draft*, World Bank June 30, 2005
3. *DEEGAANKEENNA (Our Environment) Newsletter*, Issues 1-41, Published by Candlelight Org.
4. *Envirnomental Assessment on the Gebi Valley and the Sool Plateau Sanaag region (Somaliland-Puntland)*, Horn Relief study (2005).
5. Land Tenure Policy Workshop, VETAID Somaliland (July 1997)
6. Land Resources Tenure and Agricultural land use MoPDE & MoA August 2002.

7. *Natural Resources Protection and Conservation Act No. 04/98,* Ministry of Pastoral Development and Environment, Somaliland.

8. *Northwest Agricultural Development Project, Feasibility Study and Technical Assistance.* Technical Report No. 6 Range & Livestok Study, SOGREAH, June 1982.

9. *Report of the Panel of Experts in Somalia, Pursuant to Security Council Resolution 1474 (2003), PP. 59*

10. Somalia: *Towards a Livestock Sector Strategy.* FAO, World Bank, EU Mission in Kenya, Report No. 04/001 IC-SOM, 2004

11. Somalia Agricultural Sector Survey, Main Report, World Bank, December 1987.

12. Somali Democratic Republic, Land Tenure Law # 73

13. Somaliland Land Ownership Law 08/99.

14. Somaliland Environmental Policy (2012)

15. Somaliland Range Policy (2001)

16. The Laws of Somaliland Protectorate, Chapter 119, Cultivation & Use of Land, Jan. 1950

17. Traditional Food Plants of Kenya (National Museum of Kenya, 1999, 288 p.)

18. Yearly Fisheries & Marine Transport Report, 1987/88, Ministry of Fisheries & Marine Transport, Somalia Republic

Tuse

Buugaagta kale ee Qoraaga

1. *Environment in Crisis: Selected Essays with Focus on Somali/ Qaylodhaan Deegaan: Qoraalo Xulasho ah, Ponteinvisibile/Redsea-Online.com (2010), Pisa, Italy*

2. *Dirkii Sacmaallada* (2012): *Meel-ka-soo-jeedka Soomaalidii Hore: Sooyaal, Rumayn, Ilbaxnimo.* Liibaan Publishers, Denmark. *ISBN #: 978-87-995208-1-7*

3. The Mystery of the Land of Punt Unravelled, Liibaan Publishers, Denmark. ISBN # : 978-8799520848

4. *SITAAD: Is-dareen-gelinta Diineed ee Dumarka Soomaaliyeed (2013),* Liibaan Publishers, Denmark ISBN #: 978-87-995208-2-4

5. *Maqaddinkii Xeebaha Berri-Soomaali (2014),* Liibaan Publishers, Denmark ISBN #: 978-87995208-3-1

6. *Environment in Crisis: Selected Essay on Somali Environment, Liibaan Publishers, Denmark Environment.* Liibaan Publishers, Denmark. ISBN #: 978-87-995208-5-5

www.ingramcontent.com/pod-product-compliance
Lightning Source LLC
Chambersburg PA
CBHW072129270326
41931CB00010B/1712